火星探险中的生存与牺牲

——极地探险启示录

Survival and Sacrifice in Mars Exploration: What We Know from Polar Expeditions

[加] 埃里克·席德豪斯（Erik Seedhouse） 著
吴 斌 等 译

中国宇航出版社
·北京·

图书在版编目(CIP)数据

火星探险中的生存与牺牲 ：极地探险启示录 / （加）埃里克·席德豪斯（Erik Seedhouse）著 ；吴斌等译. -- 北京 ：中国宇航出版社，2019. 8

书名原文：Survival and Sacrifice in Mars Exploration：What We Know from Polar Expeditions

ISBN 978 - 7 - 5159 - 1673 - 6

Ⅰ. ①火… Ⅱ. ①埃… ②吴… Ⅲ. ①火星探测 Ⅳ. ①P185. 3

中国版本图书馆 CIP 数据核字(2019)第 187418 号

责任编辑　彭晨光　　**封面设计**　宇星文化

出版发行	中国宇航出版社		
社　址	北京市阜成路 8 号　**邮　编**　100830 (010)60286808　(010)68768548	**版　次**	2019 年 8 月第 1 版 2019 年 8 月第 1 次印刷
网　址	www.caphbook.com	**规　格**	787×1092
经　销	新华书店	**开　本**	1/16
发行部	(010)60286888　(010)68371900 (010)60286887　(010)60286804(传真)	**印　张**	10. 25
		字　数	249 千字
零售店	读者服务部　(010)68371105	**书　号**	ISBN 978 - 7 - 5159 - 1673 - 6
承　印	河北画中画印刷科技有限公司	**定　价**	128. 00 元

本书如有印装质量问题，可与发行部联系调换

《火星探险中的生存与牺牲——极地探险启示录》翻译工作人员名单

主　译　吴　斌

译　者　吴　昊　王　萌　徐　冲　王　跃　张贵平
辛冰牧　李永真　林　淦　赵晓雁

致 谢

在本书撰写过程中，作者有幸得到五位评论者对本书内容给予的积极评价。感谢施普林格出版社的莫里·所罗门、实践出版社的克莱夫·霍伍德以及他的团队在本书出版过程中给予的指导；感谢拉贾和雷卡·尤代亚一丝不苟的工作使这本书得以出版；同时对克里斯汀·克雷西表示深深的谢意，他对细节的关注及其耐心极大地促进了这本书的出版；感谢吉姆·威尔基设计了出众的封面。

此书献给那些选择大胆追随阿蒙森、莫森、沙克尔顿和南森足迹的人们。

关于作者

埃里克·席德豪斯是挪威亚轨道航天员，终身志向是在太空工作。他在获得运动科学学位后加入了第二空降兵军团。在空降兵军团期间，埃里克在伯利兹接受了6个月的丛林作战训练。之后数月在塞浦路斯学习了错综复杂的沙漠战。他在C－130上跳伞超过30次，完成200次直升机绳索滑降，以及无数的反坦克武器射击！

回到相对平凡的学术界，作者开始攻读医学硕士学位，凭借100千米长跑比赛赢得的奖金支持自己的研究。在取得世界100千米冠军赛第3名后，作者转向远距离铁人三项，分别在1995年和1996年赢得了世界耐力铁人三项锦标赛冠军。凭借良好的技巧，他在世界双铁人锦标赛和十铁人锦标赛中夺魁，后者是一项包括无间断游泳38千米、骑行1 800千米、长跑422千米的赛事。

回到学术界，埃里克赴德国航天局研究院攻读航天医学博士学位。在读书期间，他赢得夏威夷和欧洲超人锦标赛冠军，完成了穿越美国自行车赛。作为世界领先的超级铁人三项全能运动员，埃里克曾接受过数十家报刊和电视台的采访。1997年，GQ杂志提名他为“世界上最强健的人”。

1999年，埃里克退役，不再参加铁人三项比赛，开始博士后研究。2005年，他成为毕格罗宇航公司航天员培训顾问，并编写了《太空游客》一书。他是英国星际协会成员以及太空医学协会会员。2009年，他是加拿大航天局航天员招募活动中最终的30名候选人之一。埃里克是美国宇航学院航天飞行教员、职业演说家、铁人三项教练、作家以及《航天器生命保障系统手册》主编。他是航天员招募项目的培训主管，2008年至2013年，曾担任加拿大载人离心机操作主管。

除了亚轨道航天员、铁人三项运动员、离心机操作员、飞行员和作家这些角色，埃里克还是狂热的登山爱好者，他一直在追求攀登七大高峰的目标。《生存与牺牲》是他的第17本书。不写作时，他尽可能把时间花在位于夏威夷大岛的科纳和他挪威桑德尔福德真正的家里。埃里克和他的妻子多依娜养了3只桀骜不驯的猫：贾斯珀、米尼·马赫和拉瓦。

在弗拉姆博物馆内，比格迪地区，2014 年 10 月，资料来源：阿德里安·席德豪斯

首字母缩略词

AAE	Australasian Antarctic Expedition	澳大拉西亚人南极探险队
AFT	Advanced Food Technology	高级食品技术
ASCR	Astronaut Strength and Conditioning Rehabilitation	航天员力量和调节康复
ATLS	Advanced Trauma Life Support	高级创伤生命支持
ATS	Adaptability Training System	适应性训练系统
BAE	British Antarctic Expedition	英国南极探险队
BMD	Bone Mineral Density	骨密度
CHeCS	Crew Health Care System	乘员健康保障系统
CSA	Canadian Space Agency	加拿大航天局
CSM	Command Service Module	指令服务舱
CT	Computed Tomography	计算机断层扫描
DC	Damage Control	损伤控制
EDL	Entry，Descent，and Landing	进入、下降和着陆
FMARS	Flashline Mars Arctic Research Station	闪光线火星北极研究站
GCR	Galactic Cosmic Rays	银河宇宙射线
HI－SEAS	Hawaii Space Exploration Analog and Simulation	夏威夷空间探索模拟与仿真
ICE	Isolation，Confinement，Environment	隔离、禁锢、环境
IHMC	Institute for Human and Machine Cognition	人类和机器认知研究所
ISRU	In－Situ Resource Utilization	原位资源利用
ISS	International Space Station	国际空间站
LEM	Lunar Excursion Module	登月舱

MIS	Minimally Invasive Surgery	微创手术
MRE	Meals Ready to Eat	即食食品
MRI	Magnetic Resonance Imaging	核磁共振成像
NAA	North American Aviation	北美航空
POMS	Profile of Mood States	心境状态量表
SA	Suspended Animation	假死
SDSC	Space Development Steering Committee	空间发展指导委员会
SEI	Space Exploration Initiative	空间探索计划
SLS	Space Launch System	太空发射系统
SPE	Solar Particle Event	太阳粒子事件
SSME	Space Shuttle Main Engine	航天飞机主发动机
STP	Supersonic Transition Problem	超声速过渡难题
VASIMR	Variable Specific Impulse Magnetoplasma Rocket	可变比冲磁等子体火箭

前　言

关于载人火星任务已经写了不少。长期太空飞行的直觉和经验告诉我们，这项任务的经历与在地面上不同，神秘的变化将在乘员身上体现，因此需要进行深入研究。我们知道这种任务会带来巨大的生理变化，相信也必然会带来巨大的心理变化。我们在模拟的太空环境中寻找答案，将乘员置于密闭舱内数月，在这些类似的环境中观察人类的弱点。我们注意到弹道导弹潜艇部队的精神病发病率为 4‰，却容易忽略潜艇部队精神病发病率低于水面舰队这一事实。

图 1　闪光线火星北极研究站。资源来源：火星协会

极地探险的历史为我们提供了无数的例子，这些例子讲述了探险家是如何在令人震惊和棘手的境况下表现出色的。弗里乔夫·南森带领的探险队在 1893 年 6 月 24 日离家，三年多都没有回家。其中有两年多的时间被困在极地的冰雪中，与外界没有任何联系。没有无线网、没有脸书，但是他们通过了远比火星任务更加艰巨的生存考验，而且精神状态良好。

勇敢的人向往危险旅程。薪酬微薄，严寒困苦，漫漫长夜，危机四伏，生死难测。一旦成功则将载誉而归。

——来自欧内斯特·沙克尔顿的工作描述，为他的1915年皇家穿越南极探险队招募队员①

图2　2009年美国航天员候选人（NASA供图）

另一个艰苦探险的例子是沙克尔顿的皇家穿越南极探险之旅，一段史诗般的旅程，花费的时间堪比利用化学推进剂执行载人火星任务所需要的时间。这种近乎残忍地接近事实的广告，可能会让志愿者望而生畏，但沙克尔顿收到了超过5 000人的申请！客观地说，NASA的2009航天员项目仅收到了3 564份申请。哦，时代变了！

传统上，极地探险总是与不断出现的险情、极端的物资匮乏和饥饿为伴。多至一半的储备会损失于腐烂和虫蛀；老鼠大军会咬穿桶，吃得饱饱的扬长而去，只留下钩端螺旋体病、沙门氏菌、鼠咬热、斑疹伤寒和瘟疫。海员志愿报名这种噩梦般的航行，金钱是唯一真正的激励，身强力壮的海员每年会挣到60英镑的报酬，这3倍于岸上的劳工所得。

沙克尔顿的南极探险队由27名男性组成。当他们的船——坚忍号被困在浮冰中时，沙克尔顿命令船员们想尽办法使船脱离威德尔海的冰层，包括使用冰镐和锯试图到达数百米外的地方。虽然尝试失败，但这是一个使他们的注意力从可怕境况转移开的实用方法。他们不会提出“如果……”这样的问题，比如“要是我们能从冰中走出来就好了”。在浮冰中面对必然到来的冬天，沙克尔顿卓越的领导力熠熠生辉。在谈到他们无法使坚忍号从

①　这也许是史上最著名的一个广告，但它的出处不明，没有人真正见过广告登在报纸上：南极圈刊物出100美元奖赏能找到它出处的人，但还没人获得此奖赏。这则广告可能出现在1913年12月29日的《泰晤士报》上。

浮冰中脱困那一刻沙克尔顿的反应时，随船医生亚力山大·麦克林说到：“就在这一刻沙克尔顿显示出了他真正伟大的闪光点之一。他没有表现出丝毫的失望，简单平静地告诉我们，我们必须在浮冰里过冬。”

图 3 坚忍号被困于威德尔海。资料来源：弗兰克·赫尔利，1915 年 1 月

坚忍号的全体船员面对着那则广告所描述的所有情况，但在沙克尔顿的指挥下，他们保持着高昂的士气，形成了一支团结的队伍。他们在冰上踢足球，夜间唱歌，并组织狗拉雪橇比赛。沙克尔顿被队员们称为“老板”，但他与队员们没有区别。当队员们从那艘遇难的船转移到冰上的营地时，他确保他和他的军官们都没有得到优待。当他的船员们遭受极大的苦难时，沙克尔顿的团结口号颇具感染力，这个因素在之后的探险中被证明是至关重要的。

四月，冰开始裂开，船员们收起帐篷，挤进三艘救生艇。在强风的推动下，船朝向北 160 千米的一片叫象岛的陆地开去。在汹涌的海洋中，这个可怕的旅程几乎要了许多人的性命。知道救援不会来这个偏远的小岛，沙克尔顿做出一个重大决定，宣布他和五位船员将驾驶最大的救生艇——詹姆斯·凯尔德号（仔细看一下这本书的封面）——穿过地球上最危险的海域到 1 300 千米外的南乔治亚岛的一个捕鲸站。当沙克尔顿和他的五名船员乘坐詹姆斯·凯尔德号奔向大海后，他们能活下来的唯一希望是能在南乔治亚岛登陆。导航是詹姆斯·凯尔德号航行中最危险和艰巨的挑战。这个任务落到了坚忍号船长弗兰克·沃斯利身上，他有在太平洋上小岛登陆的经验。去南乔治亚岛没有任何路标，沃斯利利用一些工具，其中包括一个六分仪。以我作为一名海军军官的经验，我可以告诉你，无风条件下得到精确的六分仪景象相当困难，这就是为什么这么多年来弗兰克·沃斯利导航凯尔德号被奉为神话的原因。小船埋在海浪中时，沃斯利被两个同伴托举着以便从厚重的云层中观察到太阳。然后，蹲在船尾用铅笔头计算，查阅他模糊的被水浸湿的表格和航海历。在 17 天的旅程中，沃斯利仅得到四次六分仪读数，然而，即使一度的误差都可能会导致船与登陆点失之交臂。1916 年 5 月 10 日，詹姆斯·凯尔德号到达南乔治亚岛。这一壮举，是航海技术和忍耐力所创造的航海奇迹，被公认为迄今为止最伟大的航行。

登陆后，沙克尔顿知道此次旅程的最后阶段即将到来。5 月 19 日，他们的脚仍然冻得麻木，沙克尔顿、沃斯利和克雷安徒步出发去捕鲸站。这段史诗般的路程需要行走 34 千米以上，穿过岛上一座从未绘制在地图上的山，这座山直到 50 年后才被正式开发。他们的装备极其有限，只有一把木匠用的扁斧、几根绳子和一个指南针。从凯尔德号上卸下的螺丝让他们破损的鞋子有了些摩擦力。

虽然不像沙克尔顿的旅程那么引人注目，但在 1829 年至 1833 年间，约翰·罗斯和他的队员在北极生存了四个冬天，同样令人钦佩。第一年，雾和浮冰是探险队的宿敌，但罗斯还是成功绘制出 800 多千米新发现的海岸线。第二年，经历了一个北极的冬天后，他发现了威廉国王海峡和威廉国王陆地，之后他的船——胜利号被浮冰困了 12 个月。这艘船在来年的夏天从冰上脱困了，但船员们的自由时间实在短暂，在 10 天里仅前进了 5 千米，之后胜利号很快又被冻住了。1832 年稍微成功些，探险队在北磁极的位置上升起了英国国旗，但在花了整整一个月时间只前进了 6 千米后，胜利号再次被冰困住。两年行驶了 11 千米，处境令人绝望，唯一的选择就是弃船，利用敞篷船到达巴芬湾。1832 年 4 月 23 日，罗斯船长和他的队员们离开胜利号，在漫长的凹凸不平的冰上运输给养和小艇，由于比较沉，一次不能携带所有的物品，因此要在同一片冰面上来回好几次。可怕的暴风雪减慢了他们前进的速度。最终他们到达了巴罗海峡，经过反复调查他们发现，这个海峡是个无法穿越的冰原，他们被迫原路返回并在北极度过第四个冬天！当严冬来临，坏血病开始蔓延，有几个人成了牺牲者。日渐减少的食物令他们活到来年的希望变得渺茫。最终，1833 年 8 月，罗斯和他的队员获救。

就如沙克尔顿和罗斯所经历的，极地探险的历史上有着丰富的史诗般的航行和发现。除了沙克尔顿和罗斯，可载入史册的还有富兰克林、韦德尔、比斯科、皮尔里、威尔克斯、帕里、莫森、阿尔巴诺夫、南森、阿蒙森，以及其他几个人。这些探险家们所经历的压力与火星乘组将不得不应对的类似，这正是这本书的部分灵感来源。禁锢、隔离和不同程度的艰苦是两个团队的共同问题。许多探险队也遭受了饥饿、坏血病、斑疹伤寒和瘟疫。少数人甚至经历过同类相食这一厄运。空间心理学家认为，假设在通往火星的路上没有撤离的可能性，知道如何处理所有的心理问题将非常重要。据预测，超过500天的任务会加剧情绪与思想混乱、乏力以及各种身心反应。然而，这些因素也许只会轻微或暂时地影响乘员士气，回顾一下极地探险家在更加严峻的形势下如何行事是值得的。沙克尔顿的团队就是一个例子。

沙克尔顿及其船员遭受了自然界最恶劣的攻击，该团队不可思议的航行一直是令人惊叹的生存故事。这个非凡的团队没有豪华的任务控制中心，没有操作管理者给他们建议，更没有针对隔离和禁锢影响的模拟研究给他们提供经验教训。没有确定的品格或精神测试的选拔标准，没有可用的精神性药物，没有任务前训练。“船员资源管理”“人际冲突”“态度和表现”等词语对这个特别的团队来说就跟南极一样陌生。这些人甚至没有目的地的地图！与世隔绝，孤立无援，他们带着不可思议的勇气和友情战胜了最可怕的南极环境。他们最终以一种有序的、有纪律的方式放弃了坚忍号，没有发生意外。归根到底，也许探险被视为失败了，但是船长和船员们并不是失败者。

虽然火星任务仍在筹划中，但关于乘组的组成却已有重要推测。推测包括在太空模拟环境中进行更多研究的呼吁，但相比我们已经拥有的，这一做法不一定会产生更多的信息。这些研究不能再现太空中所有的压力，在国际空间站上做的研究也不能准确无误地复制出航天员去火星途中面临的境况。对隔离与禁锢环境的心理反应，如沙克尔顿和他的队员以及登陆火星的航天员乘组所经历的，取决于每一个环境的独特性，因此不能准确地在模拟环境中得到重现。但研究人员仍在试图证明这类旨在描述长期乘组心理特征的模拟研究是有意义的，他们声称没有隔离两到三年乘组的相关数据，这显然是忽略了极地探险家们详细的日记中所提供的丰富信息。研究人员认为心理问题可能是最关键的问题，需要在载人火星任务实施前解决，尽管开展了大量研究工作，但却巧妙地回避了在入选和淘汰标准上仍没有达成共识的事实。呼吁收集更多新的定性数据和分析方法，但却忽略了与乘组相关的基本信息是现成的，事实上很久之前就有了，这多亏了极地探险家保留着详细的日记。

通过对几个极地探险队的研究（他们的队员所处的环境比火星任务更极端），连外行人都会得出心理问题也许是最不重要的条件这一结论。虽然这些探险都不能用于模拟火星任务，但很显然，这些探险案例的艰苦经历远远超出航天员所要面对的。最终，我们必须接受这样的事实：在火星任务中，乘员的观念、性格和喜好会有所不同，但我们决不能认为，这些所带来的问题将会比任何友好的、有共同目标的人被约束在一个小组时所产生的类似问题更糟糕。隔离和禁锢也许不是航天员的旅伴选择因素参考，但我们知道这些压力远远不是搅局者，这要感谢沙克尔顿和他的同伴们。在探险中，困境总是可怕的，努力永远是最好的，冷静的头脑总是最需要的，也许这是前往火星的恰当的口号。

正如你在下面的表格中所看到的，极地探险与载人火星任务有许多相似之处，这正是本书的核心。对于正在计划中的两项载人火星任务（灵感火星、火星一号），这本书给出了适时的看法，即了解早期极地探险如何能为那些在不远的将来奔向这颗红色星球的人提供范本。为什么极地探险和火星任务有相似之处？因为与NASA和航天界的常规任务相比，极地探险与目前的火星任务更相似。航天员通常会被与哥伦布、刘易斯和克拉克作比较，而飞往火星的航天员其角色与南极探险家更相似。正如太空被描述成新世界和新边疆，火星与极地有更大的相似性，不仅仅是极端环境，同时也都是一个可能给探险任务制造各种问题的地方。

表1　极地探险和载人火星任务的压力源

生理	心理	社会心理	人的因素	可居住性
自然时间参数的缺失	隔离与禁锢	团队协作高要求	工作量的多少	有限的卫生条件
昼夜节律改变	撤离/救援能力受限	人际关系紧张	信息交流有限	睡眠质量低
暴露于阳光下的时间减少	高风险状况和可能丧命	家庭生活中断	有限设备及供给	缺乏隐私
不同自然源的感觉剥夺	敌对的外部环境	社会冲突	食品约束和限制	远离保障系统
睡眠紊乱	睡眠干扰			

在南极探险的英雄时代，南极是地球上最遥远的地方之一。传奇的探险家们不惜一切，用最好的方法到达目的地，当时用的是船、雪橇和狗。100多年过去了，探险已变得面目全非。如今，你可以预订跳伞飞越北极的行程或是飞到南极去跑一次马拉松。那些"勇敢的探险者们"为了追求越发虚无的"第一人"而进入南极探险，只是他们是可以得到救援的，这得归功于GPS技术。在手机时代，几乎任何人离救援只不过是一个电话的距离。可悲的是，地球上几乎没有什么地方是不可能进行救援的。在这样的环境下，如何才能获得执行火星任务所需要的经验和自信呢？我在尼尔·阿姆斯特朗和巴兹·奥尔德林在静海着陆45周年之日写了此书。那时，人们期待着更多的人加入到在月球上行走的12人中去，并最终迈向火星。事与愿违。让人难过的是，就在写这本书时这些月球漫步者只剩下8个人了，与南极探险的英雄时代的极地探险家一样是"濒危物种"。而且，今天我们已有安乐窝，这意味着应该被送往火星的那种人已经没有了。别误会，我一直想成为一名航天员，但对许多人来说，今天的航天员，虽然有着令人钦佩的资格证书，但他们更像教师而不是资深的探险勇士。

写这本书的原因之一是，给读者提供证明：人类有足够的能力忍受长期任务的隔离和禁锢，即使这项任务是为期三年的火星探险任务。为了强调人类是多么坚韧，这本书汇集了很多极地探险家的成功案例，他们在比未来火星任务更苛刻、更艰苦的条件下存活下来。书中描述南森和约翰森、波莫里人和阿尔巴诺夫苦难经历的原因之一是为了强调，相对于把志愿者们置于密闭舱内几个月，我们能够从这些探险中学到更多东西。另一个原因是，许多人认为把人送到太空执行多年的任务过于危险，不过这正体现了今天我们生活在一个规避风险的社会。人们对单程火星之旅的鲁莽大胆的建议感到沮丧，却不知道100年前，船员们离开码头时完全明白归来无望。

这本书大致遵循任务的顺序，从发射到着陆返回，与极地探险从开始到结束的时间表对应。按这个顺序，可以识别潜在问题，强调"经验教训"，为那些探险提供参考。

目　录

第 1 章　探险任务计划

“我敢断言，装备、困难预想和预案是探险的三大要素。胜利，人们称之为幸运，属于做事井然有序、有条不紊的人。而对于不能防患于未然的人而言，失败是必然的，这就是所谓的不幸。”

——罗阿尔德·阿蒙森[1]

图 1-1　资料来源：NASA

1.1　阿蒙森——规划大师

罗阿尔德·阿蒙森获得了很多“第一人”的头衔，而到达南极可能是其中最著名的一个。他与斯科特几乎同时出发，但这个伟大的挪威人却先于斯科特几个星期到达了南极。阿蒙森是一位杰出的规划师，他充分利用自己精心组织的团队，只为一个目标——到达南极。阿蒙森（见图 1-2）最初从事医药研究，后来从大学辍学后开始航海。1899 年，阿蒙森作为贝尔基卡号探险队成员，远赴南极洲。由于船只受困，贝尔基卡号探险队成员成为第一批在南极洲过冬的人。1903 年至 1906 年，阿蒙森带领他的第一支极地探险队乘一艘小船——约阿号，穿越西北通道，完成了北极探险，这是历经百年尝试和牺牲数十条生命后的一次成功，阿蒙森也因此获得冰区大师和足智多谋的探险队规划师的称誉。

图 1-2　罗阿尔德·阿蒙森。这张照片摄于 1912 年（公共版权）

阿蒙森接下来的冒险是搭乘弗拉姆号，利用积冰漂流穿越北极，弗拉姆号是为当时另一位著名探险家弗里乔夫·南森的极地旅行定制的。弗拉姆号被设计为利用冰的压力推进前行，这在当时简直就是一个技术奇迹。尽管在设计上饱受争议，但弗拉姆号仍然像广告宣传的那样完成了任务。在阿蒙森探险队启程前，他听说罗伯特·皮尔里已经到达北极[①]，因此这位伟大的挪威人决定改变他的计划，不去北极，而是尝试成为第一个到达南极的

① 罗伯特·皮尔里是一位美国探险家，宣称于 1909 年 4 月 6 日到达北极点，然而，另一位极地探险家沃利·赫伯特查询了皮尔里的记录后，认为他并没有到达北极点。公认的首次到达北极点的是 1969 年由赫伯特带领的探险队。

人。1910 年 8 月，阿蒙森带着两年量的给养和近 100 条格陵兰雪橇犬离开克里斯蒂安那（现在的奥斯陆）。阿蒙森对这次出行严格保密，以至于他的船员直到离开挪威一个月后才知道他们在向着南极前进。1911 年 1 月 14 日，弗拉姆号在南极洲的鲸鱼湾登陆。船员们在这里建立了冬季基地，并为来年春天前往极点建立站点（见图 1 - 3）。阿蒙森团队还不辞辛苦、小心谨慎地准备了未来探险所必需的工具和补给。冬末，奔赴极点的雪橇、雪橇犬和人员均已准备就绪。1911 年 9 月 8 日，雪橇犬拉着雪橇、带着阿蒙森和他的八人团队出发，但由于天公不作美，温度比预期冷得多（－56 ℃），第一次尝试就此夭折。阿蒙森不得不调整计划，把队伍缩减到五人。出发时，每人乘坐一驾由 13 条雪橇犬拉着的雪橇。阿蒙森计划自始至终由雪橇犬将雪橇拉到南极，途中不断射杀它们，以此为食。爱狗人士恐怕会震惊于此，但这是一个简单而精良的任务结构，通过消耗交通工具，使探险队轻装简行。顺便说一下，这本书最初的标题是《吃狗的时机》，但被我的资深编辑否定了，因为他恰好是一名爱狗人士！阿蒙森和他的团队顶风冒雪，最终于 1911 年 12 月 14 日下午三点到达南极点[②]。他们搭了个帐篷，回程前在里面放了一封信。他们历经 39 天到达，身体健康无损，仅仅损失了两条雪橇犬。这是一次教科书般的探险（见补充报道）。

图 1 - 3　去南极点途中：1911 年 11 月 15 日，南纬 85°站点（公共版权）

② 按照记载，阿蒙森的南极探险队包括：罗阿尔德·阿蒙森、奥拉夫·奥拉夫森·比阿兰德、希尔默·汉森、斯韦勒·H·哈塞尔和奥斯卡·维斯廷。他们比斯科特早 34 天抵达南极。

如果我们想赢得这场比赛，每一个部件都要小心移动——一招棋错，满盘皆输。

——引自阿蒙森的南极日记[2]

阿蒙森——规划大师

阿蒙森的探险得益于系统的准备、周密的计划、对因纽特人生存技术的充分了解、品质优良的装备、合适的服装、对雪橇犬相处方式的把握，以及对滑雪板的熟练使用。在许多方面，阿蒙森都是一个完美主义者和开拓者的化身，当时他对探险装备的改进就足以证明这一点。比如，阿蒙森和他的队友使用为眼部设计了缝隙的皮革护目镜（比阿兰德专利），保护队友们免受极地眩光照射，团队里没有一个人出现雪盲症。得益于阿蒙森谨小慎微的个性，他的冒险实际上几乎没有出现意外——这与斯科特充满不幸的探险形成了鲜明对比。

1.2　斯科特的不幸遭遇

斯科特又如何呢？很不幸，斯科特的探险止步于一个距他的补给站仅 19 千米的地方，他和他的同伴们全部牺牲。多年来，阿蒙森的成功和斯科特的失败已成就了一个传奇：斯堪的纳维亚人的效率对抗英国人的勇气。但是斯科特的探险队为什么会如此不幸呢？因为糟糕的天气？糟糕的运气？还是糟糕的准备？记住，阿蒙森的唯一目标就是到达极点，但斯科特除了这个目标，还有已经计划好的大量科学课题。除了处理探险中的地质学、气象学和生物学问题，斯科特还要测试矮种马、狗和机械化雪橇的运输潜能③。这并不是说阿蒙森对科学没有热情：他有，但那不是他的探险目标。脱离了处理科学问题和测试运输方式这些辎重的束缚，阿蒙森的狗群轻松地到达了极点；然而斯科特（见图 1-4）追求一长串的科学目标，有些专家认为正是这一决定导致了他的死亡。1912 年 3 月 22 日，斯科特意识到他和团队里剩下的人回到基地的希望已经十分渺茫。他们距下一个站点还有三天路程，但仅剩两天量的食物。当暴风雪袭来，死神降临，他们再也没能走出营帐。3 月 29 日，可能是临终前，斯科特写道："有点遗憾，但我想我已无话可写。R·斯科特"和"上帝保佑我们的人。"[3]

1910 年是"南极探险的英雄时代"（见补充报道），斯科特和阿蒙森开始了他们成为到达南极点第一人的任务，最南点是这个星球上最后一片未被探索的区域的象征。尽管他们有着共同的目标，但两位探险家执行任务的方法不同，结果迥异。许多人指出了两者泾渭分明之处：阿蒙森是杰出的领导者，而斯科特则是拙劣的规划师。因为每个人都会犯错，现实也就不同了，任何大胆的尝试都可能出错。无论是到极点的艰难跋涉还是到火星的远行，任何一次努力的结果一方面是由命运、风险和环境三者的平衡所决定的，另一方面则取决于准备、策略和决心。阿蒙森和斯科特都非常清楚，他们面临的挑战在于，尽管

③　斯科特不赞同阿蒙森依赖雪橇犬的做法。他选择使用更少依赖人力的方法，与英国传统的"坚固耐用"精神并不一致，这与泰坦尼克号的建造理念相似，配置了太少的救生艇，导致乘客为这种疏忽付出了代价。斯科特和他的同伴们也重蹈覆辙。

图 1-4　在南极，1912 年 1 月 18 日。从左至右：（站着的）威尔逊，斯科特，奥茨；（坐着的）鲍尔斯，埃德加 · 埃文斯（公共版权）

可以通过调整各个因素的比重来增加成功的概率，可是他们却不知道各因素之间是如何平衡的。阿蒙特通过了挑战，他的做法对我们策划火星之旅具有启示作用。

南极探险的英雄时代

阿蒙森和斯科特探索白色大陆的时代堪称当时的太空时代。南极洲地处遥远，只有极少数勇敢的人到过那里实属正常。那时，照片罕见，无线电刚刚出现，探索这片未知土地受到了技术可能性的限制；人类着手探索火星也将面临同样的困境。但是与载人火星任务不同，那个时代有决心，并且有能力得到资助的人可以自己组建探险队。1895 年，第六届国际地理学会议的决议是促成“英雄时代”的催化剂。

“会议有如下记录：对南极地区的探索是地理学探索中最重要的一块。考虑到此项科学探索可能给几乎每一个科学分支带来进展，会议建议，全世界的科学团体，应使用最行之有效的方法，在本世纪结束前着手开展此项工作。”[4]

不出所料，南极是如同磁石般吸引英勇、果敢的探险者的舞台，而随后则变成对于最坚韧的探险者也需要持久忍耐、有着最摧毁心智的气候的地方。有些探险队，比如阿蒙森的探险队，成功了；有些探险队，比如斯科特的探险队，失败了，而这种“英雄般的失败”为人们口耳相传。1922 年，随着欧内斯特 · 沙克尔顿在南乔治亚岛去世，英雄时代落幕，南极探险发生了根本性的改变。得益于更好的通信手段，探险者们可以请求救援或补给，不再孤立无援。

1.3　独辟蹊径

阿蒙森为到达南极，选择了一条险峻的新航线，这条新航线的起点比他的对手距离极点近 96 千米。阿蒙森的营地位于鲸鱼湾的罗斯冰架，而斯科特却选择在麦克默多海峡建立大本营（在阿蒙森西边 500 千米外）。为什么会有不同的选择呢？之前没有探险家在鲸鱼湾宿营，因为害怕那里的冰有可能断裂；但阿蒙森潜心研究早期去过罗斯冰架的探险家的行程，发现那里的冰数十年未变。因此，阿蒙森觉得值得冒险选择鲸鱼湾，因为这意味着往返能够减少大约 192 千米的行程。斯科特呢？他在罗斯岛的埃文斯角设立总部，那是地质探险的好地方，但对于到达极点却不是一个好的选择。

在设立存储站点的过程中，阿蒙森用记号棒在行程最开始的和最后的 300 千米，每隔 12 千米做一个标记。除了插旗子，他还把空的食物袋涂黑，利用它们每隔 1.6 千米做一个记号。此外，他还每隔 5 千米向着前方 82°的方向堆砌一个两米见方的石堆。在每个石堆里，他都留下记号，确认位置，指明下一个石堆的方向，以及到下一个站点的距离。就像我之前说过的，这个家伙非常注重细节。斯科特的行程标记则不够精确，也不够频繁。比如，一定距离内，阿蒙森建七个站点，而斯科特只建两个，并且没有标记。这种不够细致的做法使得斯科特的旅程格外费心，他的队伍有时会与站点擦肩而过。更加糟糕的是，他们三个月外出布点的行程足迹已被大雪掩盖，这也是斯科特的队伍没能走远的原因。如果他们能把路线标记得更好，也许就能多走些时日，走得更远，最终安全抵达。

1.4　火星旅行的另一种方式

1.4.1　通往火星的阶梯

极地探险并不是唯一需要补给站的一类行程。火星任务也需要几个月的时间，同样需要像阿蒙森和斯科特那样建立站点，只是规模稍大。这即是火星阶梯（Stairways to Mars）的想法。火星阶梯是由空间发展指导委员会（Space Development Steering Committee，SDSC）——一个空间探索支持者联盟——提出的全新任务概念，他们认为，在去往火星的道路上应该建立一系列站点。相较于 NASA 耗资数十亿美元、为期数十年、依赖于巨型火箭的太空堡垒方式（见图 1－5）[④]，火星阶梯方案另辟蹊径，将在某些方面采取利用 SpaceX 公司的龙飞船（见图 1－6）和轨道科学公司的天鹅座飞船为国际空间站（ISS）补给的方式进行。利用这些飞行器，在地球和月球间稳定的引力点，如已知的地月拉格朗日点（L1），建造后勤基地和推进剂仓库。在这些位点，飞行器加注推进剂，往返于 L1 和火星轨道之间，运送货物和乘员。这种增量式停靠点的布置方案可能要比

④　NASA 的新探索计划，包括打造巨型火箭（太空发射系统）和新型猎户座飞船。如果进展顺利，该飞船将于 2030 年前访问一颗近地行星，并于 2040 年前访问火星，首次载人火星之旅将花费 300～400 亿美元。

图 1 - 5　NASA 的太空发射系统。在建造时，它是有史以来最强大的火箭。最终，它可能被用于将航天员送上火星（NASA 供图）

“类固醇火星（Mars on Steroids）”任务设计安全得多，后者就如同把有火星标签的鸡蛋装进一个可能会爆炸的篮子里一样，发生事故的代价十分昂贵。即使乘组侥幸逃离，其他东西都可能化为乌有，任务失败无可挽回。为什么不化整为零，使用更小、更便宜、更安全的火箭将主飞船的部件送到太空，在轨装配呢？然后按照阿蒙森的模块化做法，布置出一系列补给点，同时也可以作为太空避难所，供航天员在去往火星途中休息，并为其提供可能的庇护。甚至可以在这些站点存储额外的装备，提供额外冗余，降低距地球几百万千米外的失败和死亡的风险。在我看来，这是明智之举。尽管这个计划还处于概念阶段，尚无资金投入，但 SDSC 相信，这是比 NASA 的做法更现实可行的任务设计。SDSC 可能是对的。毕竟，近年 NASA 大胆的载人探索任务少得可怜。乔治 · W · 布什总统发布的、旨在 2020 年送航天员重返月球的星座计划，与乔治 · H · W · 布什总统的空间探索计划（SEI）一样已经取消。由于太空发射系统（SLS）和猎户座太空舱的预算在 400 亿美元左右，因此 SLS 可能也将被丢进垃圾箱，成为历史。鉴于华盛顿的政治和财政环境，可以委婉地说，NASA 的探索计划是脆弱的。

图 1-6　SpaceX 公司的龙飞船（SpaceX 公司供图）

1.4.2　火星一号

送航天员去火星度过余生的想法听起来像科幻小说，但是已有超过 200 000 人提交了申请。2013 年年底，人数缩减到 1 058 人，2014 年年中缩减到 705 人，2014 年 12 月面谈时缩减到 600 人，到 2015 年 2 月为 100 人。最终，火星一号（见图 1－7）将选拔 24 名候选者，分组前往火星（每组包含两男两女）。第一组将于 2025 年到达，之后的乘组，每两年发射一次。可谓勇敢、无畏！这是一个多么新奇的任务计划。我不确定阿蒙森是否认可，但火星一号任务的设计确实属于“独辟蹊径”的范畴。这听起来很极端，但回溯到南极探险的英雄时代，许多为探险而受雇的乘员所面临的真实处境都是有去无回。

图 1－7　艺术家的火星一号人类移民构想。资料来源：火星一号/布赖恩 · 费斯提格（火星一号供图）

1.5　心无旁骛

阿蒙森有且只有一项任务：第一个到达南极点。斯科特的探险队则有两个目标：第一个到达南极点，并且沿途进行科学研究。两者不仅容易产生冲突，而且被证明是致命的。想要第一个到达南极点，时间就是一切，但科学工作却拖了斯科特团队的后腿。一个关键事件：斯科特在从南极点返回时，他的队伍只有五天量的食物，而到下一个食物补给站的距离不止五天，虽然有点儿悬，但天公作美，尚有生机。然而斯科特却没有快速赶往食物补给站，他选择停下来收集地质学样本！这不仅增加了额外的 12 千米路程，而且斯科特收集的石头给雪橇增加了 14 千克质量！尽管斯科特对科学的追求崇高而伟大，但这件事和其他所有的错误放在一起，注定了他的失败。

多年前，有人预计一次载人火星任务将花费 5 000 亿美元（在一定程度上，这是一份潦草粗略的报告，计算得非常糟糕），因此出现了无法承担火星之旅这样的妄言，并一直伴随着我们。2014 年，最新一次计算的火星任务的花费为 800～1 000 亿美元。这只是 F-35 战斗机研制和飞行开销（一万亿美元）的一小部分，不过这个数字还不足以打破火星之旅无法承担这一妄言。2014 年计算数额减少的原因之一，是任务的设计更像阿蒙森的任务而不是斯科特的。计算方承认，第一次任务并不需要执行大量的科学任务：只是一去一回。专注于单一目标，不但能够节省巨大的开销，而且能够提高任务的安全性。还记得斯科特和他的石头吗？是的，对于第一次任务，航天员没有必要为科学研究所累——他们只需要像阿蒙森一样，到达目的地，插上旗帜，然后返回就够了。如果着手挖掘岩石，那么航天员将重蹈斯科特团队的覆辙。

1.6　智取而非蛮干

运输可能是斯科特和阿蒙森的探险队之间最大的差异之一。斯科特的交通工具简直就是大杂烩：19 匹矮种马，23 条狗，两辆电动雪橇（类似于雪上汽车）和人力拖拉。毫无意外，从未在极寒条件下测试过的电动雪橇根本坚持不了太久。矮种马也好不到哪儿去。这些倒霉的动物每走一步都会深深陷入雪中，汗水浸湿皮肤，在身上形成冰层，而且那里没有它们可吃的植物！这是矮种马的弱点，它们的后勤补给更令人头疼，不像狗可以吃当地的物种（海豹和企鹅），矮种马的所有食物都要用船运来。这大大增加了斯科特团队向极点行进时需要携带的储备物品。不可避免地，矮种马使旅程痛苦不堪，不得不被抛下。狗要稍好一些（每顿给狗喂食挪威人的干鱼，但是由于难以消化，它们很快就变得十分虚弱），但由于斯科特觉得它们并不适合满是裂缝的地形，所以行至半路，还是决定让它们返回基地。这意味着 75%的行程完全得靠人力拖拉（见图 1-8）。这项令人筋疲力尽的工作首先必须费力地套上挽具，然后拖着 80 千克重的雪橇穿越 1 600 千米、海拔 3 000 米的冰天雪地。斯科特倔强地相信，人力拖拉是旅程中最可靠的方式。他认为，人力拖拉是足以引以为傲的事，正如他在日记中写道：

> "我觉得，靠狗完成的旅程无法称之为完美，只有当人们面对困境、危险和难题，靠自己的努力披荆斩棘、勇敢前行，才是完美的，这种胜利才是更加崇高辉煌的胜利。"[5]

在现实中，人力拖拉纯粹是疯狂之举。狗不需要太多的照看，可以吃各种食物，包括自己的同类；可以挖简单的洞，然后爬进去避寒。另一个优势是它们之间有很好的协作，可以拉着沉重的雪橇在雪地上飞快地前进。斯科特的队伍很少一天跋涉少于 9 个小时，而阿蒙森的队伍很少一天超过 5 个小时，即使这样，阿蒙森有时行进的路程仍是斯科特的两倍。他是怎么做到的呢？挪威人得益于一个简单的规划，即依靠他们的滑雪技能和训练有素的狗驾驭雪橇。登月任务通过依次抛弃多级火箭实现，在某种程度上说，阿蒙森的策略与此异曲同工。挪威人在途中牺牲掉体弱的狗喂食人和其他的狗，这种功利主义的计划可能听起来有些令人不快，但阿蒙森认为，与让狗力竭而亡相比，这种量狗力而行的方式倒少了些残忍（阿蒙森出发时带了 52 条狗，返回了 11 条狗）。顺便说一句，那些英国人尽管不赞成吃狗，但还是愿意吃掉他们的矮种马。

图 1-8　人力拖拉。在南极探险的英雄时代，英国极地探险队反感用狗。南森和阿蒙森对此感到困惑，因为他们认为无论如何都要避免人力拖拉。1820 年，威廉·爱德华·帕里穿越梅尔维尔岛的旅行，可能是英国探险队第一次使用人力拖拉的例子。在帕里之后，人力拖拉被看作是一种比用狗“体面”的选择（至少英国人是这么看的）。资料来源：斯科特极地研究学会

1.7　准备不足导致失败

无论是到南极还是去火星，提前准备和计划是关键。这并不是说斯科特没有准备，事实上他确实做了。但不幸的是，他低估了这片白色大陆不可预知的天性，只为误算留出了极小的裕量。简而言之，他并没有做最坏的打算，而这正是他和他的同伴最终面对的现实。而阿蒙森呢？他为探险准备多年，对细节反复确认，直到不留漏洞。阿蒙森还设计了几项装备，包括护目镜、滑雪橇、犬具，甚至肉靡饼（见图 1-9）。为了减重，他在帐篷里缝制了很轻的防潮布，减小了几千克的质量，还让挪威木匠奥拉夫·比阿兰德削掉三分之二的雪橇质量。阿蒙森还是个效率大师。斯科特的雪橇笨拙、容易翻倒，而且他决定把物资绑到雪橇上。结果他们每次扎营，都要把所有的东西卸下来移走，之后再重新绑回雪橇上。着实麻烦！阿蒙森呢？他把带盖子的箱子集中在最顶部，这样他和他的挪威同伴们每次扎营时，箱子始终捆绑在雪橇上，他们需要做的就是把盖子掀开，拿出需要的东西，再把盖子盖好。

斯科特另一个疏于计划的例子是两个探险队都用到的石蜡燃料筒。燃料筒容易渗漏，阿蒙森的做法是对筒进行焊接，而斯科特却只用了皮革垫圈。这成了斯科特的催命符：斯科特和他的队伍从极点返回到补给站时，石蜡燃料多已蒸发。这意味着他们只能吃冷冻的食物，士气低落，而且由于没有足够的燃料去融化冰雪，他们开始逐渐脱水。

接下来就是食物问题。由于不可能运输旅行所需的全部食物，因此需要在探险开始前，有策略地沿途设置补给站点。阿蒙森在每个纬度上都设置了站点，每个站点储存的食

物量都比斯科特多十倍。斯科特的食物供给量每天能提供不超过 5 000 卡路里的热量（人力拖拉一天要消耗 7 000 卡路里，上坡时消耗的热量会达到 11 000 卡路里）。结果可想而知：斯科特的团队一直挨饿，而阿蒙森的团队都长胖了。斯科特的另一个失误是对站点所做的标识，在极地荒野，特别是当乳白色天空和大雾降低能见度时，很难找到。为了确保能找到储存点，阿蒙森在站点的每一边，插了十面黑色的旗子，每隔半米一面。当他的团队接近站点时，只要看到其中的一面，就能确切知道站点的位置，因为每面旗子都标识了下一个站点的方向。斯科特则相反，他只用一面旗子标记站点。结果在寻找路线时常常险象环生。但斯科特设置站点时，最严重的失误可能是“一吨站点”的位置。最初，在设置站点阶段，最远的仓库设置在第 80 条平行线上。但由于布点队员到最后已筋疲力尽，所以这一计划改变了，剩余供给品的存放地点较原计划位置近了 60 千米。这是一个致命性的决定，如果“一吨站点”设置在了原计划的位置，斯科特和他的团队尚有生机。

图 1－9　极地运输。1911 年年初，在巴里耶，阿蒙森团队中的一位成员与狗队和雪橇的合影（公共版权）

1.8　快速前进

用传统的推进技术去火星是非常冒险的提议，因为这一旅程将会持续6个月或者更长的时间，这期间，乘员们将罹患各种疾病。阿蒙森和斯科特经历了冻伤、坏血病和雪盲症之险，而火星航天员将会面临肌肉萎缩、辐射病、白内障、脑损伤、早发性阿尔茨海默病和骨质疏松症等风险。为了规避风险，我们为什么不走得更快一点呢？但怎么做呢？利用太阳帆、原子能推进、离子驱动，还是反物质火箭？这些主题在太空技术会议上已经讨论了数十年。回到20世纪50年代，最热门的主题是猎户座飞船，一艘预计于1970年到达土星的原子能动力飞船。按设计，猎户座飞船空重10 000吨，将携带1 300吨的载具到达土卫二。但这一想法并未得到太多支持。随着斯坦利·库布里克的电影《2001：太空漫游》的放映，科学家把关于推动力的探讨聚焦到了原子能火箭上[6]。但光景不长，因为随后反物质开始流行。虫洞，是科幻小说中最吸引人的词汇之一，也是聚会上的好主题。这完全取决于你想去打动谁。那些持反物质火箭观点的人常常允诺“六个星期到达火星”。他们的热情基于物质-反物质湮灭反应，这一反应会释放出极其巨大的能量。能释放多少呢？以下内容供参考：航天飞机主发动机的比冲为455秒（一种效能度量），核聚变能够产生100 000秒比冲推动力[6]，而一个物质-反物质反应能产生高达1 000 000秒比冲的推动力。有什么问题吗？是的，储存是令人头痛的事情，科学家们在研究如何解决反质子云和反电子云的存储问题方面还有很长一段路要走。费用则是更大的障碍。一个可行的火箭发动机，需要一微克反物质[6]。一克反物质至少需花费62.5万亿美元，所以这个推进系统无论何时都难以成行。但是还有一个很酷的推进系统能把我们快速送上火星：可变比冲磁等离子体火箭（VASIMR）（见图1-10）。VASIMR是核聚变推进器的前身，功率在10～100千兆瓦之间[6]。尽管受控核聚变尚未实现，但对VASIMR的研究仍在继续，将其变为现实是富兰克林·张福林（Franklin Chang-Díaz）⑤ 的梦想，他是曾经7次参加太空任务的航天员。

在MIT读书时，张福林参与了美国受控核聚变项目研究，并以此在1977年获得应用等离子体物理学博士学位[6]。之后，他到查尔斯·斯塔克·德雷珀实验室任职，那里的科学家们着手解决被认为是美国具有“国家级重要性”的科技难题。在那里，他继续进行等离子体和核聚变技术研究。1980年，张福林入选NASA，成为预备航天员[6]。1986年1月，他登上哥伦比亚号（STS-61-C）正式成为航天员。作为航天员，张福林在其传奇的职业生涯期间，飞过所有的航天飞机，到过国际空间站（ISS），但在绕地球轨道飞行时，他却在考虑如何飞到火星⑥。在飞行训练的过程中，他组建了一个研究团队，借助于

⑤ 按照拉丁美洲命名的传统，他的姓氏中的“张”来自父亲，“Díaz”来自母亲。

⑥ 他执行过7次飞行任务（这一纪录由他与NASA航天员杰里·罗斯共同保持）——STS-61-C（1986），STS-34（1989），STS-46（1992），STS-60（1994），STS-75（1996），STS-91（1998）和STS-111（2002），在太空累计飞行1 601小时，其中包括19小时31分钟的太空行走[6]。

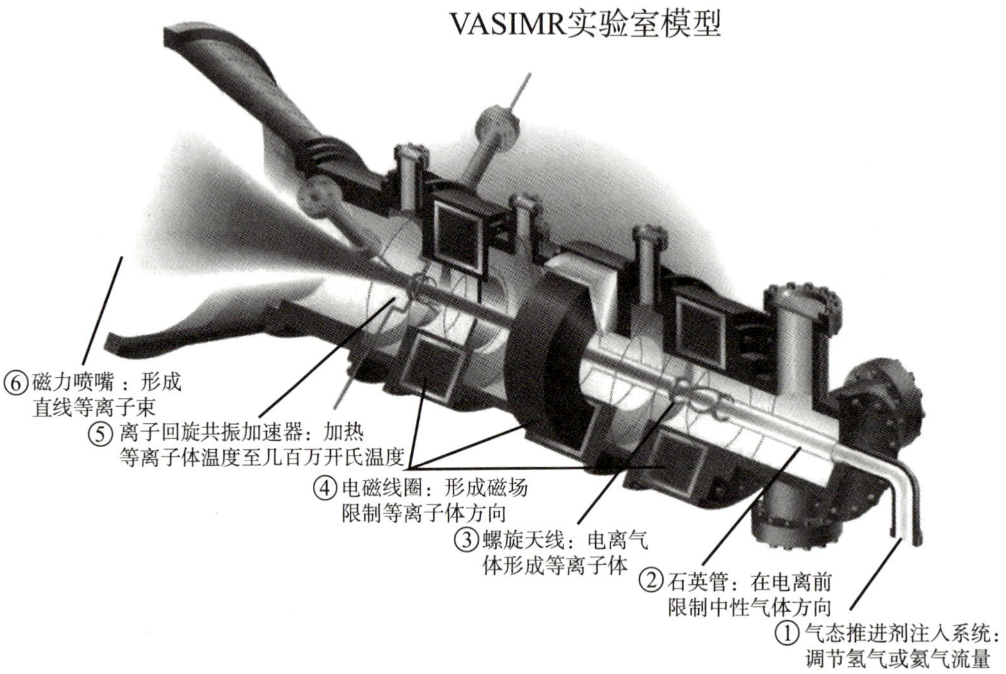

图 1-10　可变比冲磁等离子体火箭（VASIMR），由阿斯特拉火箭公司研发。如果利用现在的化学推进系统进行火星旅行，将花费半年的时间到达这颗红色星球。由于地球和火星绕日的相对位置，航天员不得不在火星待上两年才能返回地球。这是一次旷日持久的露营！但是如果我们的技术能够实现在六周内到达火星呢？这就是 VASIMR 的动人之处（阿斯特拉火箭公司供图）

NASA 的工程师们和全国各地的科学家，开始研究等离子体火箭[6]。为什么选择等离子体呢？一句话，就是速度。火箭推进很简单：排气喷管释放的气体温度越高，火箭飞得越快。这就是火箭工程师们所说的比冲：比冲越大，火箭飞得越快。传统化学火箭的问题是比冲较小，而等离子体火箭能够达到比传统化学火箭推进剂更高的温度，从而使等离子体火箭消耗的推进剂少，但飞得更快[6]。在过去的 30 多年里，张福林的阿斯特拉火箭公司致力于研制一种发动机，能够将氢转变成等离子体，并将其密封在磁场中，利用无线电波加热。VASIMR 目前的型号 VF-200，输出功率为 200 千瓦，这个功率足够推动航天器或提升 ISS 的高度，这是 VF-200 在 2016 年的发展目标⑦。一旦成功，升级版的、具有更大能量的 VASIMR（见补充报道）将会在 39 天内将航天员送上火星。这已经很快了。

为什么是 VASIMR?

传统液体火箭的主要缺陷是推进剂质量很大，因为燃料和氧化剂占据了很大空间。不仅如此，巨量的燃料和氧化剂影响了整体质量，使得投送质量受到限制。VASIMR 不使

⑦　每隔几个月，国际空间站必须提升轨道高度，否则轨道高度将会下降，每年提升轨道高度都要耗费将近 7 吨推进剂。按照目前将推进剂运送至轨道的高昂成本，需花费两亿美元。这是每年运送推进剂必须付出的代价。输出功率为 200 千瓦的 VASIMR 完成同样工作每年只需 320 千克氩气，仅需花费 700 万美元。

用传统火箭推进剂，而是利用等离子体生成推力，产生等离子体的气体质量仅占VASIMR的5%[6]。这有助于VASIMR运载比化学推进剂火箭多得多的载荷。化学火箭的另一个缺陷是它们的比冲小。记住，航天飞机的发动机比冲大约是455秒。这一推力足以使航天飞机脱离地球。但一旦进入太空，没有重力就不需要巨大的推力了。VASIMR的魅力就在于它能够改变比冲，使效能和速度最大化。这有点像汽车节能减排。原理如下：飞船缓慢移动时，VASIMR产生大量等离子体低速喷射。随着飞船的加速，发动机喷射的等离子体变少，但是速度较高[6]。一旦出发了，由于推力较小，乘员们对加速将不会过多关注。但几天后，VASIMR喷射出的高速等离子体将会以科幻小说所描写的速度，推动他们飞行[6]。实现过程是这样的：两个等离子舱中的第一个舱用于产生等离子体。在第二个舱里，无线电天线发射出无线电波，将等离子体加热到极高温度。随后，等离子体被导入磁管，磁管再将高能等离子体喷射出火箭。最终，极高温度的等离子体将不断提供加速度，让VASIMR飞得很快很快。

1.9　赞助

斯科特的英国南极探险队（BAE）是一次私人探险，斯科特预计花费40 000英镑，相当于现在的300万英镑。大部分钱来自个人捐献、公众募集和商业赞助，最终官方说法是募集资金20 000英镑。斯科特的船——史前新纪元号，开销最大，耗资12 500英镑（大概相当于现在的714 000英镑）。由于遇到第一次世界大战前的经济压力和全国罢工，当时筹款困难。但基于英国人征服南极的渴望，一些公司愿意将他们的产品与探险队联系起来。有一些公司无偿捐献了他们的产品，一些公司付费给探险队员，以代言他们的产品。其中一些著名的赞助商包括：

1）保卫尔牛肉汁；

2）奥秀；

3）艾布拉姆·莱尔黄金糖浆；

4）亨利·塔特糖；

5）弗兰克·库珀牛津果酱；

6）亨特利和帕尔默饼干，为探险队特制；

7）海因茨烘焙豆。

巴斯啤酒公司也提供了国王啤酒，他们希望斯科特能够在探险队到达南极时用国王啤酒庆祝，其他的资金支持形式包括个人捐献和公众募集。一些探险队员也参与了捐献：阿普斯利·谢里·加勒德和劳伦斯·爱德华·格雷斯·奥茨船长每人捐款1 000英镑。斯科特并不是唯一一位依靠个人资金的极地探险家。伟大的沙克尔顿通过各种形式的赞助和私人渠道为1914—1916年皇家穿越南极探险队集资，其中最大的资助来自詹姆斯·凯尔德，他是敦提市一位富有的黄麻纤维制造商和慈善家。1914年，沙克尔顿向凯尔德请求50英镑的捐款，而凯尔德允诺了10 000英镑，实际给了24 000英镑（见下面的信）。沙克尔顿为表达谢意，他不仅以凯尔德的名字命名了一条小的救生艇，而且命名了凯尔德海岸，其位置毗邻威德尔海，1915 年，坚忍号沉船于此。

尊敬的欧内斯特·沙克尔顿先生：

你给我的关于海洋之间航行的计划账目非常有意思。我愿意无条件地给你一张 24 000 英镑的支票，希望其他人也能够无条件地为这次皇家之旅提供帮助。

——詹姆斯·凯尔德[7]

1.10 资助火星任务

1.10.1 灵感火星

时光荏苒，百年过去，筹款的想法依然存在，甚至火星探险也是如此。以灵感火星为例。这是一项商业的两人火星飞行任务，计划绕这颗红色星球飞行，不登陆，501 天后返回地球。预计 2021 年择机发射。这次非盈利探险由灵感火星基金会筹划，该基金会是百万富翁丹尼斯·蒂托创立的，蒂托本人也是航天飞行的参与者。飞船（见图 1-11）不在火星着陆，也不进入火星轨道，它将带乘组到达距火星表面数百千米的高度，这将成为航天领域一个重要的里程碑。这项雄心勃勃的计划还面临着种种阻碍。尽管有富商资助（见图 1-12），但发射资金还没有着落：这趟冒险的费用在 10 亿美元左右。这趟任务之所以如此廉价，是因为这是一项简易任务，仅有一个 33 m^3 容量的 10 吨级飞船，其中一半用于水箱、食物和生命保障。这意味着乘员们的共享空间比一般浴室还小并且要待上一年多！就像我说的，这是一项简易任务。

图 1-11 艺术家对灵感火星太空舱的构想。资料来源：灵感火星

图 1－12　丹尼斯·蒂托和联盟号 TM－32 乘组。从左至右：蒂托，塔尔加特·穆萨巴耶夫（指令长）和尤里·巴图林（飞行工程师）（NASA 供图）

尽管有些冒险，蒂托口袋里的钱还不够承担一项 10 亿美元的任务，但他承诺会在火星之旅研发的前两年给予资助。他与潜在的赞助人进行了沟通，但少有人回应。2013 年 11 月，蒂托因此改变资助策略，给白宫科学委员会太空分会提交了另一项计划。灵感火星 2.0 计划与 NASA 搭建公-私伙伴关系，利用 SLS 和改进版猎户座飞船。它将主要依赖于 NASA 的资金支持：基本上，灵感火星计划成为了 NASA 的一项任务（有了一个慈善合作伙伴），由该机构支付其中的 7 亿美元，剩余的 3 亿美元资金来源尚不明确。尽管 NASA 对蒂托的提案和计划表示愿意合作，但其实热情不高。这也许是个说“不”的好方法？蒂托真正需要的其实是像詹姆斯·凯尔德那样的慈善家。

1.10.2　火星一号

灵感火星不是唯一寻求赞助的载人火星任务。火星一号这家私人机构，计划于 2025 年送第一批人类登陆火星。2018 年到 2022 年，利用机器人建造一个可居住前哨站，乘组将在之后每两年到达一批。与灵感火星类似，火星一号也是一项简易任务，仅使用已有太空公司的成熟技术。这家公司在创始人巴斯·朗斯多普的带领下，快速推进概念发展，并在 18 个月内完成了初始技术开发。这项任务估计需要 60 亿美元。这些资金将主要通过设计与执行此次任务的航天员的选拔和训练相关的全球媒体活动来筹得，包括赞助、出售转播权、合伙、有钱人捐款、知识产权收入以及大众筹资。与灵感火星不同的是，火星一号由私人发起，并未向航天机构或政府请求援手，这意味着任何人都能够参与实现这项任务。

灵感火星和火星一号都是大胆的计划，因此毫不奇怪，多数媒体和怀疑论者不断地指出载人飞行是如何艰难。他们强调，其他野心勃勃的太空宣言都未能兑现。那么，让我们倒退 100 年，暂时回到南极探险的英雄时代。试问阿蒙森是第一个试图到达南极点的探险家吗？在载人航天的舞台上，新想法永远受欢迎，灵感火星和火星一号这种富有创造性的想法确实使人们开始重新思考飞往火星的可能性了。

参考文献

[1] Amundsen R. The South Pole：An Account of the Norwegian Antarctic Expedition in the Fram，1910—1912 Unabridged. CreateSpace. 2012.

[2] Huntford R. The Last Place on Earth. Modern Library. 1999.

[3] Cherry - Garrard A. The Worst Journey in the World. Penguin Classics. 2006.

[4] Baughman T. Pilgrims on the Ice：Robert Falcon Scott's First Antarctic Expedition. University of Nebraska Press. 1999.

[5] Crane D. Scott of the Antarctic：A Life of Courage and Tragedy. Knopf. 2006.

[6] Seedhouse E. Interplanetary Outpost. Springer - Praxis. 2012.

[7] http：//www. spri. cam. ac. uk/ibrary/archives/shackleton/articles/1537，2，30，22. html.

第 2 章　探险队的领导能力

“斯科特追求科学，阿蒙森追求速度和效率，但当灾难降临、希望渺茫时，请跪下祈祷沙克尔顿降临。”

——引自雷蒙德·普里斯特利，此句在很多文献中出现过，包括谢里·加勒德的《世界上最糟糕的旅程》[1]

图 2-1　欧内斯特·沙克尔顿先生（公共版权）

1915 年夏天，欧内斯特·沙克尔顿发现自己陷入了困境。他的船——坚忍号在寒冷的威德尔海被浮冰困住。冬天寒冷无比，船员们甚至可以清晰地听到他们周围水结冰的声音。仅仅几个月后，冰层就压碎了船体，沙克尔顿和他的遇难船员们不得不在离得最近的有人居住的陆地 1 000 英里开外的巨大冰面上扎营。近年来，很多书中都写到了这位传奇探险家，梳理了沙克尔顿非凡的领导方法——采取了各种策略历经 19 个月，带领他的船员们穿越危险的冰面，跋山涉水，最终抵达安全区域——这些策略对火星探险队领导者而言是非常珍贵的[2]。

2.1 沙克尔顿的穿越南极探险

沙克尔顿的穿越南极探险是南极探险的英雄时代最令人惊叹的冒险故事之一，所有想要成为火星任务指令长的人都应当读一读。这个探险队的目标很简单：从海岸的一侧穿越白色大陆到达另一侧，途中经过极点。然而事与愿违，探险队非但没有登陆南极大陆，取而代之的是，在与外界逐渐失去联系时，沙克尔顿失去了坚忍号，救援的希望越来越渺茫。下面要讲的是在极其恶劣的条件下发生的关于领导力的一个经典故事。

2.1.1 准备

沙克尔顿的目标非常大胆：冲出威德尔海域，穿过一片未经探索的南极洲区域到达南极点（见图 2-2），然后继续前行到达麦克默多海峡。为了这趟南下之旅，沙克尔顿购进了坚忍号（以沙克尔顿的家族格言“持之以恒”命名），这艘坚固的轮船在以建造强大轮船而著称的挪威桑德尔福德造船厂建造完成。一到达威德尔海，进行科学探险的团队按计划离开主基地，其他组从罗斯海域出发建立站点，供横穿南极的队伍在他们的极点-海岸旅程中使用。罗斯海域组乘坐另一艘轮船——极光号。据猜测，为招募船员，沙克尔顿可能在报纸上刊登了如下广告：

勇敢的人向往危险旅程。薪酬微薄，严寒困苦，漫漫长夜，危机四伏，生死难测。一旦成功则将载誉而归。

——欧内斯特·沙克尔顿先生[2]

尽管这则广告广为流传，但几乎可以肯定这是杜撰的，因为广告对极地探险船员们面临的危险描述得分毫不差。这则广告怎么看都是一个预言。记住，没有邮箱，没有手机，没有 GPS 导航，没有推特，没有……你明白的。与沙克尔顿的极地探险队队员相比，火星任务乘员的条件可谓奢华。

2.1.2 航行

1914 年 8 月 8 日，坚忍号经过布宜诺斯艾利斯向威德尔海行进，在古利德维肯稍作停留，一个位于南乔治亚岛亚南极的挪威人的捕鲸站。1914 年 11 月 5 日，坚忍号到达南乔治亚岛，在那里，捕鲸队长向沙克尔顿提供了前方的信息。1914 年 12 月 5 日，沙克尔顿离开南乔治亚岛，在坚忍号装上了额外的衣物，以防他们被困在威德尔海，应对过冬之用。坚忍号带着他们在大海里航行了六周，大约 1 000 千米，到 1915 年 1 月 18 日，离目的地只剩下一天的行程。但随后，在南纬 76°34′，气温骤降，冰层封冻了。

2.1.3 受困

当坚忍号随冰层漂移时，船员们想尽办法脱困，但他们的努力都是徒劳的：冰层太厚、太坚固了。人们试图用冰凿和铁棍打破坚忍号周围的冰块，但船仍随冰漂移。一个月

图 2-2　南极洲。在南极横贯山脉间，蓝色冰面覆盖着弗里克赛尔湖。
资料来源：乔·马斯特罗扬尼，国家科学基金（来自南极照片图书馆）

后，温度已经降至零下 20 ℃，越来越冷。到了冬天，坚忍号被彻底冻住了，船员们开始关注浮冰将把船带向何处，到了春天他们是否有机会破冰而出。除了清除船周的冰块，船员们无计可施，他们开始变得焦躁不安，因此足球比赛成了冰面上常见的娱乐项目，至少直到极夜来临前都是如此。到了七月，太阳宣告阳光的回归，船员们意识到两个结果中只有其一发生：要么冰层融化，坚忍号重获自由；要么强风驱动，冰块压坏船体。

2.1.4　弃船

1915 年 10 月 23 日，坚忍号位于南纬 69°11′，西经 51°5′，遭到了来自冰层的重压（见图 2-3）。船尾扭曲造成裂缝，需要操作舱底泵进行检修。1915 年 10 月 27 日，沙克尔顿写道：

"当前位置南纬 69°5′，西经 51°30′。温度为−8.5 ℉，南风席席，碧空如洗，阳光普照。历经数月的焦虑和紧张，希望一次次破灭，黑暗一次次降临，我们被迫弃船，它的损坏程度超出了预期，我们还活着，感觉尚好，我们还有储备和装备。接下来的任务就是所有探险队员一起返回陆地。我此刻的感受一言难尽。"[4]

此时，坚忍号已经像囚犯一样被困在冰中 281 天，漂移了近 1 200 海里。是时候放弃它了。船员们将小艇、供给品和雪橇运到冰上，然后在距弃船不远的浮冰上搭建帐篷。1915 年 11 月 21 日，坚忍号最终破碎，沉没在威德尔海。幸运的是，船员们在船沉没前设法打捞上来相当数量的物资。28 位船员被困在距大陆几百英里外漂移的冰块上，没有船，也没有办法与外界联系。他们必须寻找最近的陆地，别无选择。1915 年 12 月 20 日，冰层开始融化，沙克尔顿指挥船员们抛弃营帐，向西前往保莱特岛。

图 2－3　坚忍号的终结。当沙克尔顿进行英国皇家穿越南极探险时，冰层的条件异常险峻。陷入威德尔海冰层后，坚忍号漂移了 10 个月，直到压力压碎了这艘船（公共版权）

2.1.5 象岛

这支探险队有三艘 20 英尺长的救生艇，其中詹姆斯·凯尔德号和达德利·多克尔号两艘救生艇需靠人力在冰上轮番拖拉。第三艘救生艇，斯坦科姆·威尔斯号最初被抛弃，后来又找回。计划非常简单：只要冰层够坚固，船员们就靠人力拖拉，一旦有冰层破碎的迹象，船员们就坐上救生艇。靠人力拖拉沉重的救生艇，在断裂的、坑坑洼洼的浮冰上前行是一项枯燥且令人筋疲力尽的工作，但船员们一直以这样的方式前进，主要是因为沙克尔顿具有堪称典范的领导能力和不可思议的鼓舞士气的能力。1916 年 4 月 12 日，乘员们到达象岛（见图 2-4），该岛属于南设得兰群岛，这时距坚忍号困入冰层已经过去了 14 个月，距它沉入威德尔海也已经有 5 个月。在离开陆地 497 天后，船员们终于又再次踏上了陆地。他们在象岛登陆扎营。在象岛比在冰上安全些，但救援仍遥遥无期。他们孤立无援，远离文明，没有无线电，对自己身在何处一无所知。更糟糕的是，象岛远离航道，无人探访。

图 2-4　沙克尔顿和 5 名探险队船员乘坐詹姆斯·凯尔德号离开象岛。
剩下的 22 名船员留在岛上，满怀希望地等待着（公共版权）

2.1.6 詹姆斯·凯尔德号的史诗般航行

沙克尔顿意识到，要拯救他的船员们就必须要到达最近的有人居住的地区，而这个地方正是南乔治亚岛的古利德维肯。当时，他们离这个捕鲸站大约 800 英里远，要到达那里，沙克尔顿和他的船员们必须穿过这个星球上最汹涌的海域，却只有一条 20 英尺长的救生艇！相当不幸的是，装备非常匮乏，船员们只有一个六分仪和一个精度无法确定的航海计时器。他们需要依靠太阳光线导航，但在那个地方，有些时候几天或者几周都见不到太阳。这趟史诗般的航行所选择的船只是詹姆斯·凯尔德号。留在象岛上的另外两艘救生艇被改作临时营房。1916 年 4 月 24 日，詹姆斯·凯尔德号载着沙克尔顿、沃斯利、克雷安、麦克尼什、麦卡锡和文森特出发了（见图 2－5）。当时预计这趟旅程会历时一个月左右。这趟旅程在探险史中获得了神话般的地位。

图 2－5　詹姆斯·凯尔德号出发。这张照片发表于欧内斯特·沙克尔顿的著作《南方》[2]，可能是由探险队的摄影师弗兰克·赫尔利拍摄的（公共版权）

詹姆斯·凯尔德号以每天大约 60 英里的速度在波涛汹涌的海上稳步前进，海水不断冲刷着小艇，包括睡袋在内的所有东西都湿透了。拜风暴所赐，在持续潮湿的环境中，用驯鹿皮制成的睡袋开始脱毛，这不仅降低了舒适度，还堵塞了用于防止大量海水进入救生艇的抽水机（见补充报道）。随着气温骤降，海水喷出的水雾迅速在救生艇外部冻结。很快，詹姆斯·凯尔德号上累积的冰层就达到了 20 英寸厚，这使得救生艇变得非常笨拙而且影响了平衡。想要把冰除掉基本上是不可能的，为了减重，船员们扔掉了一些东西。在寒冷又被浸湿的条件下，冻伤是不可避免的。导航也是一个挑战，因为几乎整个行程都是阴天，这意味着沃斯利每六七天才能有一次机会通过阳光确定方向。

詹姆斯·凯尔德号的航行

“第 10 天晚上，沃斯利在掌舵值班后就直不起身了。他全身痉挛，我们必须把他拖到盖板下给他按摩，直到他能够挺直身子进入睡袋。第 11 天（5 月 5 日），猛烈的西北风来袭，下午又转成西南方向。天色阴暗，偶尔的雪暴加剧了巨大的逆浪带来的不适，简直糟透了。午夜，我正在掌舵，突然注意到南方和西南方之间晴朗的天空中出现一条线。我告诉其他人天晴了，但片刻之后我意识到，我看到的并不是乌云中的缝隙，而是一个巨大海浪的白色峰顶，26 年海上探险，我见识过大海的千姿百态，但还从没遇到过如此巨大的海浪。海面出现巨大隆起，已经折磨了我们多日、不知疲惫的敌人从白茫茫的大海中脱离而出。我大喊'天啊，抓紧！它朝我们来了！'接下来命运未卜的一刻似乎持续了数个小时。白色汹涌的激浪把我们团团围住，我们感觉救生艇就像软木塞一样在激浪里来回颠簸。我们陷在如沸腾般汹涌的海水中，但不知为何救生艇竟然挺住了，艇里进了一半的水，到了沉没的边缘，随风飘荡。为了生存，我们拼尽全力，能用的容器都用上，把水往船外倒，大概 10 分钟后，我们感觉救生艇重获生命。尽管被海浪冲击得一片狼藉，但它还是重新浮了起来，停止倾斜。我们期盼再也不要遇到这么大的浪了。”

——《南方》，欧内斯特·沙克尔顿著，1919 年[4]

2.1.7 南乔治亚岛

离开象岛 14 天后，他们终于看到了南乔治亚岛（见图 2-6），但登岛是一件危险的事情，因为沿着海岸线暗礁密布，悬崖陡立。经过两天的搜寻，他们最终在哈康国王湾发现了一个小峡谷。他们能到达那里要归功于沙克尔顿的领导力以及新西兰人弗兰克·沃斯利卓越的航海技术，他导航詹姆斯·凯尔德号已久，在水手中具有传奇地位。由于恶劣的天气，沃斯利只瞄准过四次方向。四次！如果詹姆斯·凯尔德号没有在南乔治亚岛登陆，那么这艘救生艇将会被水流带到大西洋中部，而那些待在象岛的人将无法获救。然而沙克尔顿和船员们面临的考验还远未结束，他们距离捕鲸站的直线距离还有 22 英里，穿越从未有人穿越的山脉是唯一的选择。

2.1.8 穿越南乔治亚岛

由于麦克尼什和文森特体力不支无法继续前行，沙克尔顿留下麦卡锡照顾他们。现在，只剩下“老板”、克雷安和沃斯利。他们于 1916 年 5 月 15 日出发，只带了三天量的供给品，将螺钉固定在靴子上，穿着破烂的衣服，没带睡袋。现在的登山家即使利用最新、最高级的装备，穿越南乔治亚岛也将是一件难度大并且非常危险的旅程（见补充报道），而沙克尔顿和他的团队还处于营养不良、冻伤、筋疲力尽的状态。摆在三个人面前的是迷宫般起伏的地形、冰川、冰坡、雪地，没有地图。经过 36 小时几乎连续的前行，他们发现自己身处5 000 英尺的高度。黑暗降临，没有帐篷和睡袋，他们要么下去，要么冻死。他们继续前行，早上五点，终于筋疲力尽，累得席地而坐。沃斯利和克雷安睡着了，而沙克尔顿知道如果都睡着了，他们很有可能再也醒不了了。因此沃斯利和克雷安睡着五分钟后，沙克尔顿把他们叫醒并告诉他们已经睡了半个小时。早上六点半，沙克尔顿听到捕鲸站召唤人们起床的汽笛的尖叫声。在他们奋力爬完剩下的山脊后，终于在下午晚

图 2-6　南乔治亚岛中部。1916 年 5 月 15 日，詹姆斯·凯尔德号在南乔治亚岛的一个卵石滩登陆，它被拖上岸翻过来，形成了一个庇护所。5 月 18 日，穿岛队的 3 名成员开始首次尝试穿越南乔治亚岛。没有地图，他们只能临时设计路线穿越山脉和冰川。经过 36 个小时的持续前行，他们到达了斯特罗姆内斯。
资料来源：NASA

些时候到达了斯特罗姆内斯。鲸脂烟缭绕在他们长长的头发和胡子周围，三个人简直无法辨认，但他们很快表明了身份，然后被招待洗了个热水澡。之后，沃斯利出发去救还在哈康国王湾的麦克尼什、文森特和麦卡锡。1916 年 8 月，经过多番官僚式的争吵后，沙克尔顿、沃斯利和克雷安最终回到象岛，营救已经被遗留了 105 天的剩余 22 人。

三个世界级登山者重演沙克尔顿穿越

2000 年，三个世界顶级登山者重演沙克尔顿穿越：康拉德·安克尔，杰出的技师；斯蒂芬·维纳布尔斯，开辟了一条到达珠穆朗玛峰令人却步的珠峰东坡的新路线，无氧单人登顶；莱因霍尔德·梅斯纳，世界上最活跃的登山者，登上了全部 14 座 8 000 米山峰的第一人。下面是他们关于这次经历的简单印象。

康拉德·安克尔：即使是我参与过的条件最苛刻的攀登，也无法与这些人所做过的相媲美。他们达到了人类极限。他们走得那么久、那么远。我想，沙克尔顿和他的船员们所忍受的超出了当今任何一个人所能承受的极限[5]。

斯蒂芬·维纳布尔斯：经历了可怕的救生艇之旅，在南乔治亚岛海岸几乎失事后还能活下来，真是令人惊叹。他们上岸后，意识到已深入腹地，要寻找更多的储备，要穿越冰川，要穿越完全未知的山脉。沙克尔顿似乎拥有惊人的天赋，一直表现出勇敢大胆的姿态。永远在行动，永远在抉择[5]。

莱因霍尔德·梅斯纳：我想，穿越南乔治亚岛，就像我们所做的，是坚忍号经历的非常小的一部分。他和他的同伴们在世界上最艰苦的地方待了17个月。我确信，沙克尔顿的坚忍号探险——经过航行和奇迹般生还——是最伟大的冒险。看沙克尔顿如何在穿越南极大陆中失败非常有趣，但是看他如何通过完美的领导力，带着他的27位船员们顺利回家更有意思[5]。

——来自凯利·泰勒对莱因霍尔德·梅斯纳、斯蒂芬·维纳布尔斯和康拉德·安克尔的采访，2000年，WGBH和PBS。感谢NOVA在线和PBS

尽管在史诗般的磨难中活了下来，但沙克尔顿并没有放弃登陆南极。1921年，这位47岁的伟大男人再次出发，开始前往这个白色大陆的最后一次探险，目的是绘制2 000英里海岸线，并进行气象学和地质学研究。令人悲痛的是，在南乔治亚岛停留时，他疑似心脏病发作去世。他被埋葬在南乔治亚岛，坟墓前竖立着用苏格兰花岗岩制成的墓碑。沙克尔顿的去世也终结了南极探险的英雄时代。

2.2 沙克尔顿给火星任务指令长上的一课

在沙克尔顿的领导下（见补充报道），一群人由平凡到超凡，在地球上可能是最不适宜居住的角落，在难以形容的困境中生存了将近两年。沙克尔顿是如何做到的呢？似乎无论哪一代人寻找先驱，都会指向沙克尔顿，那么火星指令长能够从这样一个伟大的——也许是最伟大的——领导者身上学到什么呢？首先，沙克尔顿从未失控；他真正关心他的队员，需要鼓励时他就给予他们鼓励[2]。他在倾听方面确有天份。许多领导者不擅长观察和倾听，而沙克尔顿的倾听使他成为了一个强有力的精神领袖[2]。一般来说，他不会轻视、恐吓、纠缠或刺激他的队员，因为他知道，为了更快地完成工作，鼓励比在后面用鞭子驱赶更有效果[2]。无疑，他是乐观主义者，无论多么困难，沙克尔顿都会乐观面对并与队员们进行交流，这对于像他这种天生的沟通大师来说非常容易[2]。他还是一位挑剔的规划师，但他从不执着于无法实现的计划，否则，我们在这本书里就读不到他了。可能沙克尔顿作为成功的领导者，最伟大的部分在于维持团队斗志，事实证明，在世界上最荒凉之地待了两年，他的船员们从未失去斗志和享受生活的能力[2]。

沃斯利对沙克尔顿的评价

当被困象岛时，沃斯利写了下面关于选择乘船去最近的有人居住点的内容：

“像沙克尔顿这样，具有英勇精神和自我牺牲天性的人，由自己承担最危险、最困难的任务是必然的。事实上，他天性使然，别无他选。作为一个天生的领导者，他必须在最危险、最困难和最需要担当的位置上发挥领导作用。我见过他面色苍白的样子，但他仍强迫自己去最危险的地方，这是他的勇气。他会做他最害怕的工作。”[6]

小说家大卫·福斯特·华莱士这样写到：真正的领导者是那些“帮助我们克服自身懒惰、自私、软弱和恐惧，让我们去做更好更难的事情”的人”[7]。沙克尔顿确实如此，他不仅积极作为，还具有对不断变化的环境作出反应的能力。在载人火星任务过程中，考虑到所有潜在的“如果……”，任务指令长可能需要处理爆炸降压、绝症、辐射疾病和失明这样的情况。当沙克尔顿的探险队遇到问题时，“老板”重新制定团队目标，这也是行星际飞行指令长需要做的。让我们正视这个事实，载人火星任务所依赖的技术可行度参差不齐，因此，这可能会使一项探险任务转变为一项生存任务[2]。如果是那样，乘员们将期望他们的领导者是沙克尔顿：一位能够放弃早前成功的基准，在飞行中改变航线，同时重新规划的领导者。在遥远的未来，当行星际飞船点燃火星入轨的发动机，它标志着一个大胆的、创造历史的目标的开始：登陆火星的第一批人类。但是如果像沙克尔顿的探险队，目标永远无法实现呢？沙克尔顿的探险，尽管很英勇，但是没能达到最初的目标。坚忍号没有到达南极洲，没有一个船员踏上这片大陆。如果火星任务不能着陆，需要返回地球，乘员们需要在房车大小的飞船里再待上六个月，将会发生什么？几天将变成几周，几周将变成几个月。指令长如何处理集体失望、慢慢燎起的悲观情绪和愈燃愈烈的脾气呢？相较于冰雪和寒冷的影响，沙克尔顿更害怕的是这些，这也就是为什么他要求每个人无论境遇如何都要日复一日地履行自己的职责。沙克尔顿还强制执行严格的进餐程序，坚持晚饭后的社交活动，以延缓斗志减弱。通过这些程序和规则，沙克尔顿控制了群体恐惧，这种恐惧在探险出问题的时候，可能成为危害探险队的危险因素。此外，在面对巨大的障碍时，他对任务、自身和自己的能力始终抱有坚定的信心。更重要的是，他的船员们知道，“老板”为了确保他们的生存倾尽全力，这可能是最终成功的最关键因素。

2.3　格里利

从沙克尔顿这样的伟大领导者的行为中能够学到很多东西，而检视那些领导力缺乏的行为也是有帮助的。我们来看一下 1881 年声名狼藉的格里利探险队。阿道弗斯·华盛顿·格里利中尉被任命为普罗透斯号的富兰克林夫人湾探险队指挥官（这是一个奇怪的选择，因为此前他仅在美军通信兵团担任过领导职务）（见图 2－7）。格里利的任务是建立一系列气象站。1881 年 7 月 7 日，探险队离开纽芬兰的圣约翰斯，船上载有探险队队员和 350 吨物资。目的地是富兰克林夫人湾，一块属于横跨格陵兰北部区域的北极冰架的未知地域。他们穿越了过去让探险者们却步的位于萨宾岬的冰封海峡，之后他们到达富兰克林夫人湾，卸下物资。

2.3.1　富兰克林夫人湾

探险队的一个组织者坚持认为，有船在，人们就不愿意去探险，因此轮船拔锚离去。队员们搭建了一个名为康格堡的场地，并着手进行气象学测量。许多人，包括格里利都记日记。格里利不受队员们的爱戴，他以独裁方式管理探险队，让队员们为军官们做卑微低

图 2-7　富兰克林夫人湾探险期间轮船普罗透斯号汽轮在港口停靠
（乔治·W·里瑟供图，国会图书馆）（公共版权）

下的工作。比如，他命令队员给军官们洗衣服，但没有人服从。格里利让布雷纳德中士具体负责这项工作——布雷纳德不情愿执行这个命令，正如他的日记记述的：“和愤怒的队员们进行了一次长谈。格里利中尉说他不是开玩笑，如果有人暴动，他会不惜牺牲生命来恢复秩序。”尽管指挥者和下属之间关系有些让人不安，但宿营生活尚可忍耐——直到补给船在任务一周年纪念日没有如期到来。当第二个周年纪念日到来，没有船过来的现实状况成了人们担心的主题，大家打算离开。如果待在福特·康格堡，可能还好，但格里利决定服从陆军的命令，向萨宾岬出发，因为他们以为那里有营救队。

2.3.2　萨宾岬

格里利命令他的船员们乘一艘小的救生艇向南出发。有些人认为离开避难所和食物前往危险未知的水域是鲁莽的，于是兵变的议论开始流传开来。这次毫无把握的旅行和不满的船员们使四面楚歌的格里利变得更糟，他总是当面让人泄气。他们在萨宾岬登陆，这是一个废弃的前哨站，没有遮蔽，几乎没有任何补给品。饥饿和体温降低很快到来，随后是冻伤和疯狂。船员们的士气更加低落。他们在第三个冬天来临前搭建了一个临时住所，叫做粘土营地。食物匮乏，又是严冬，格里利重新找回了感觉，掌控他的船员们。期间，进行了两次到达康格堡的救援尝试，但都因为难以穿越的冰层无功而返。

2.3.3　救援

救援队最终到达露营地，但探险队的情况很糟糕，非常糟糕。25 名船员，只有六名船员活了下来（见图 2-8），包括格里利，另外 18 名船员死于溺水、饥饿和低温，一人因偷窃补给品被格里利下令处死。医生指出这些幸存者无法再坚持 48 小时。一项针对探险队的调查揭露了更黑暗的一面，如救援者所描述，在检查死者时发现了同类相食的迹象。格里利最终经受住了这一控告，成为探险家俱乐部的第一任主席并获得荣誉勋章。

图 2-8　格里利探险队的幸存者。站着的：弗雷德里克斯，康奈尔和朗。坐着的：比德比克，格里利和布雷纳德（公共版权）

2.3.4 格里利给火星任务指令长上的一课

火星任务指令长能从格里利那儿学到什么呢？首先，领导力并不是一成不变的。领导力是领导风格和随机应变的结合，尽管指令长在一个给定的情景中可能很适合担任领导职务，他们将如何应对灾难？如何面对新挑战？格里利一开始展现了独裁的领导方式，利用他在军队的权威地位强制船员们的行为。这种领导方式使他无法与船员建立亲密关系。在不听从一些有经验的水手和北极探险者的建议、做出放弃基地的错误决定后，格里利在很长的一段时间里失去了存在感。登陆萨宾岬后，他转变为一个无私的领导者，定量配给食物、把自己的补给分给患病队员，进而重新得到认可。

2.4 火星探险任务指令长

极地探险，就像太空旅行，是一场注定充满未知的尝试。地球大气层外和火星表面（见图 2－9）存在的环境是航天员会遇到的最危险的事物。由于对未知风险的担忧和乘员们长期处于隔离状态，星际任务的成功将很可能依赖于一个人：指令长——一个拥有成熟、稳定、判断力、清醒头脑的领导者。令人沮丧的是，对于那些有计划的星际任务，领导能力是学不来的。当然，一些团体试图“打造领袖”，但真正的领袖是与生俱来的，他的作用将产生不同的结局，安全着陆或是全军覆没。简单来说，只有少数人具备领导能力。那么火星任务指令长应该具备什么样的品质呢？韧性应该排在前面。韧性需要有冒险的决心，并且具备从困境和挫折中恢复的技巧。这是使领导者们不会被打倒的品质。另一项品质是无私——将乘员的需要置于自己的需要之上。例如，沙克尔顿的船员们向着象岛航行时，弗兰克·赫尔利（探险队摄影师）丢失了他的手套，沙克尔顿就把自己的给了他，即使被冻伤了也从不抱怨。又如，登陆南乔治亚岛后，必须有人看守救生艇以确保不被潮水带走，第一次和第二次看守船只的都是沙克尔顿。

我们的火星任务指令长还需要在面对可能摧毁信念的困境时，保持冷静和镇定。指令长还需要创新，能够从经历中积累经验。如果你还记得第 1 章的话，阿蒙森和斯科特在这方面的领导力就有着很显著的差异。挪威人的成功很大程度上是因为他们在极地旅行中使用了先进技术——滑雪板、狗和衣物。可以说挪威人在这方面有优势，因为滑雪一直是他们文化中的一个基础部分，而英国人很少用这个方式旅行。令阿蒙森与众不同的一项品质是他对于提高技能的不断追求。作为一个探险家，他自始至终这样做，无论是从贝尔基卡号（见图 2－10）的经历中汲取经验，还是使用因纽特人的点子：他不断地、系统地改良全套的探险装备。因此，他如期到达南极点并不意外。相反，斯科特和沙克尔顿则常常反对使用这些非传统的策略。

火星任务指令长还需要在分析处境和做决定时能够包容。我们再分析回顾一下斯科特、阿蒙森和沙克尔顿。作为有皇家海军军事背景的领导者，斯科特认为分析处境和做决定的人只有一个，就是他自己。这是军队的规矩。但是，他通常直到最后才透露他的决

图 2 - 9　火星表面（NASA 供图）

图 2 - 10　贝尔基卡号在威廉山抛锚。资料来源：Rapports Scientifiques Travaux Hydrographiques et Instructions Nautiques by G. Lecointe，1903，p. 110，PlateXI（NOAA 供图）

定。这种决策方式的结果就是，斯科特通常不会参考别人的意见从而获得可能是最好的解决办法。这种处理方式的另一个不够积极的结果是对斯科特的队员的影响，他们没有参与决策过程，对领导决定背后的逻辑只了解个大概。这与阿蒙森和沙克尔顿明显不同，他们都会征求船员们的意见。这种具有包容性的领导方式，其结果是信息透明度高，对过程具有更好的控制感：这反过来让他们产生了更强的主人翁意识和责任感。

一项关于早期极地探险的研究显示，由最有影响力的领导者带领的队伍能够形成最强大的合力，这个合力，是让大家同舟共济的催化剂，哪怕是面对最可怕的困境。就这一品格而言，还是要给斯科特加分的，因为他鼓舞了他的队伍，他不幸的极地队伍直到最后一刻仍是一个团队。但斯科特的高傲、对指挥链的强调以及决策时的独立风格对团队的团结造成了障碍。尽管沙克尔顿和阿蒙森的探险队在团队凝聚力方面不是教科书般的案例，但每位领导者都使用了关键技巧，确保他们的队伍能够有效地一起工作。这两位传奇的探险家个性非常不同，但是他们领导团队的方法是非常相似的，他们都非常注意队员的情绪状态，当情况出现偏差或者斗志下降时，他们总是会干预协调。阿蒙森和沙克尔顿非常善于处理冲突，胜过那些自诩为鼓动者的人。他们在完成任务，甚至最基本的扎营任务时会和队员们一起完成，从不将自己与团队孤立。这些领导风格，实用并有象征性，强调凝聚力，这对探险者们在从事长达数年的火星任务时是非常关键的。更重要的是，尽管阿蒙森、斯科特和沙克尔顿各不相同，但在经历巨大的灾难时，他们都能够大放异彩，这都得益于他们非凡的决心、坚毅和勇气——这是任何一位未来火星任务指令长都必须具备的重要品质。

参 考 文 献

[1] Cherry - Garrard C. The Worst Journey in the World. Penguin Classics. 2006.

[2] Seedhouse E. Interplanetary Outpost. Springer - Praxis. 2012.

[3] Lansing A. Endurance：Shackleton's Incredible Voyage. Basic Books. 2006.

[4] Shackleton E. South：The Endurance Expedition. Signet. 1999.

[5] http：//main. wgbh. org/imax/shackleton/about - four - traverse. html.

[6] Worsley F. Shackleton's Boat Journey：The Narrative from the Captain of the Endurance. The Narrative Press. 2001.

[7] Koehn N. Leadership Lessons From the Shackleton Expedition. New York Times：December 24. 2011.

第 3 章　乘员选拔与医疗保健

“单身男性，健康，体格强健，自律，乐观，有英文阅读和写作能力，有水手经历者优先。首选挪威、瑞典和丹麦人，可考虑英格兰、爱尔兰和苏格兰人，不接受法国、意大利和西班牙人。由海军支付薪酬。需要无条件、坚决果断地服从命令。”

——1879—1881 年，为完成珍妮特号北极探险，队长德隆斯对队员的要求[1]

加拿大航天局（CSA）希望从具有广泛背景的优秀科学家、工程师和医生中招募航天员。加入航天员队伍需要具备创造力、多元性、团队合作能力和探索精神。为满足训练和太空飞行的体能要求，候选者须身体健康，并具有上佳的身体素质。

——加拿大航天局航天员招募公告，2008 年[2]

3.1　乘员选拔

火星探索将面临无数挑战，航天员选拔是其中令人头痛的大问题。在密闭、孤立的环境中，人际互动少、交流困难、乘员工作绩效下降、乘员间相互影响等，这些仅是影响选拔的一小部分因素，但在选拔过程中都要有所考虑（见图 3-1）。那么，极地探险者是如何选拔队员的？什么是选拔火星任务航天员可以借鉴的？先举一个选拔失败的例子：加拿大北极探险。

图 3-1　火星 500 项目乘组候选人（ESA 供图）

3.2　卡勒克号的航程

1913 年，加拿大探险家维尔加穆尔·斯蒂芬森（见图 3 - 2）带领他的队员乘坐卡勒克号执行加拿大北极探险任务。他的目的地是向北前往赫歇尔岛，在那儿，科学家将对极地圈的植物、动物和矿物进行调研。

图 3 - 2　加拿大探险家维尔加穆尔·斯蒂芬森（1879—1962 年）。摄于 1915 年 9 月 17 日，达特茅斯学院。图片来自国会图书馆，照片来自乔治·格兰瑟姆·贝恩收藏系列（公共版权）

1913年6月17日，卡勒克号驶离不列颠哥伦比亚省，这注定是一次命运多舛的旅程。不到两个月后，卡勒克号就被困在了阿拉斯加西北240英里的冰层中。船随冰层漂流数周，直到九月中旬冰层不再移动才停止漂流，斯蒂芬森与五名船员离开卡勒克号去猎杀驯鹿，以准备为期10天的旅行。然而当他返回时却发现卡勒克号已被大风卷走。没有船，斯蒂芬森不得不和队友们乘坐狗拉雪橇继续南下前往阿拉斯加。

至于卡勒克号，它随冰漂流数月，直到1914年1月10日，冰将船体穿了个大洞。船长未雨绸缪，事先安排人建造冰屋，并转移船舱内的补给物品。当卡勒克号沉没后，船长意识到只有寻找到陆地才能让探险队有一线生机。但他不敢贸然行动，因为多数探险队员对北极一无所知。因此，船长决定留在原地，直到二月日光来临。

然而，队伍中有四个人不同意这一决定，他们决定独自南行。这四个人于一月底离开后便杳无音讯。与此同时，船长分配留下的队员建立物资补给链，为来年春天的旅行做准备。而离开的那组队员，他们的尸体于1929年在赫勒尔德岛被发现。

当白昼重至，物资补给链也已建好，留下的那组探险队员们于1914年2月19日离开营地，前往弗兰格尔岛，于1914年3月12日到达。船长遂乘雪橇经西伯利亚，前往白令海峡寻求帮助。这一次，船长依旧不能带很多队员同行，因为他们太缺乏经验了，其中有几名队员非常虚弱，根本无法旅行。

四月底，船长抵达位于白令海峡的杰日尼奥夫角，他找了一条船，到达了距阿拉斯加最近的无线电站。最终，船长与政府救援部门取得联系，幸存者在距卡勒克号沉没八个月后得到了营救。此时又有三名队员死在岛上。

谁应对此负责？政府。为削减开支（这些年来这一点依旧没有改变），政府雇佣了低薪水、无经验的人员，最终导致这一悲惨结局。

就极地探险任务而言，经验显然是必需的，绝大多数的探险者会选择有极地生活经验的队员。如何将这一经验应用于火星乘组选拔呢？选择那些执行过长期飞行任务的航天员似乎比较合理，因为他们有太空生活经验。但他们可能会因为辐射剂量超出限值而无法通过医学选拔。从辐射剂量考虑，适合执行火星飞行的航天员应该是从未上过天的人①，换句话说，也就是经验最少者。那么，这些最具潜力的航天员应该具备哪些特质呢？

3.3 沙克尔顿选拔队员的方法

当时近5 000人申请皇家穿越南极探险任务中的27个工作岗位。沙克尔顿亲自面试每一个他认为有潜力的候选人。除必需招募具有航行和科学技能的人员外，他也希望招募到乐观、积极的志愿者以满足极地探险的需求。幸运的是，沙克尔顿独具慧眼，他知道如何

① 利用化学推进剂将航天员送达火星，将使他们几个月置身于高辐射环境，将超过辐射剂量允许标准。NASA规定航天员累计辐射剂量对其产生致命癌症的风险提升不能超过3%。不久前，科学家认为火星任务对航天员的辐射剂量接近限值，但并未超出，但是分析了好奇号火星探测器收集的数据后，这一看法改变了。数据表明，航天员在火星任务中受到的辐射剂量超标。

建立一支合适的、能够在极端环境中生存的团队。队伍中，每名队员各司其职、表现出色，这也许就是为什么沙克尔顿的团队能在南极存活两年，而其他团队却失败了的重要原因。

3.3.1　沙克尔顿的选拔程序

沙克尔顿的选拔工作很费力，因为每个人都想和他一起工作。1913年，在沙克尔顿给《泰晤士报》的信中声明他将启动重返南极的计划时，有5 000多人向他提出了工作申请。相比之下，2009年，NASA招募航天员时只收到3 654个申请。与长期火星飞行任务相似，沙克尔顿的探险任务同样充满风险，成功与否有赖于优秀的团队。沙克尔顿认为，他理想中的队员必须有坚韧的耐受力，同时应具备应对极地条件的专业素质。还有一项非常重要的品质是能够与队友们在长时间与世隔绝的环境中融洽相处。执行火星探索任务的航天员也需要类似的品质。研究发现，尽管沙克尔顿的探险任务失败了，他的队员生还的概率却很高，这是因为团队结构合理，每名队员有着清晰的职责定位。沙克尔顿深知南极探险考验人的勇气和耐力，因此选拔时他不仅关注候选者的技术能力，更关注他们的个性特征。专业技术背景固然重要，但沙克尔顿更关注那些乐观、积极的候选者。例如，当与雷金纳德·詹姆斯（探险队的物理学家）面谈时，沙克尔顿问詹姆斯是否会唱歌。在与亚力山大·麦克林（外科医生）面谈时，又问他为什么戴眼镜，麦克林说："如果不戴眼镜，许多聪明的面孔看起来就显得呆板。"[3]结果他得到了这份工作。

然后是他对队伍领导的选择。在探险队中，沙克尔顿需要对30多人下达指令，他深知可靠的、有能力的领导的重要性，为此他选择弗兰克·怀尔德（见图3-3）担任他的副手。事实证明，这是一个非常正确的选择。怀尔德作为一名极地探险的老手，已经在1907年沙克尔顿的探险任务中证明他的勇气。

弗兰克·怀尔德：为旅途而生的探险家

在极地探险史中，极少人的探险经历可以与弗兰克·怀尔德相媲美。可以这么说，他是一个在英雄时代的英雄。出生于北约克郡的斯凯尔顿镇，怀尔德参加了沙克尔顿领导的每一次探险。他参加了1901—1904年斯科特领导的发现号探险，并第一次登上白色南极大陆。但是在1916年坚忍号沉没以后，他的尖峰时刻才到来。沙克尔顿任命怀尔德带领21个人驻扎在象岛，自己则带领着五人团队乘坐詹姆斯·凯尔德号出发寻求救援。在1916年4月至8月期间，怀尔德带领21个人在岛上记录日期，靠着海草、海豹和企鹅生存下来，直至被沙克尔顿搭乘的智利的耶耳丘（*Yelcho*）号营救。当航天员从长期任务归来以后，他们要进入恢复阶段，在相对舒适的环境下适应几个月时间。但是，怀尔德（还有其他几名沙克尔顿的船员）在忍受了18个月蚀骨寒冷和艰难困苦之后，接着投身到第一次世界大战中去。沙克尔顿的传奇事迹被载入书籍和电影中，而怀尔德在极地的时间比斯科特和沙克尔顿加起来都多，却被人们遗忘了。但是他作为副手的忠诚却没有被遗忘——怀尔德去世后，被埋葬在沙克尔顿坟墓的右侧，他的墓志铭写着："弗兰克·怀尔德，1873—1939年，沙克尔顿的左膀右臂。"[4]

图 3-3 弗兰克·怀尔德。由于参加了五次南极探险，怀尔德是仅有的两个获得四枚极地奖章的人之一。

• 1901 年，怀尔德与欧内斯特·沙克尔顿一起加入了罗伯特·福尔肯·斯科特的发现号探险队。

• 1908—1909 年，怀尔德协助沙克尔顿领导了猎人号探险队。

• 1911 年，作为道格拉斯·莫森的极光号探险队的重要组成人员，怀尔德负责沙克尔顿冰架的西部基地部分。

• 1914—1916 年，怀尔德作为沙克尔顿的副手执行了皇家穿越南极探险任务。

• 1921—1922 年，怀尔德作为沙克尔顿-罗伊特探险队的第二指令长。

照片由弗兰克·赫尔利拍摄，第一次在欧内斯特·沙克尔顿撰写的《南极》（威廉·海涅曼，伦敦，1919 年）中出现。而此处图片是从卡罗琳·亚历山大撰写的《坚忍号》（ISBN 074754123X）一书中扫描得来的。

3.4　沙克尔顿选择候选者的 10 条准则

1）有一名队员曾与你在之前的探险任务中合作过。

2）第二指令长是队伍中最重要的成员，他应该与你的领导风格互补，忠于职守，并可以与他人合作。

3）选择那些能被探险任务的目标所激励的候选者。

4）排除那些无法投入枯燥的日常工作的候选者。

5）了解候选者的个性、原则，以及对待工作和生活的态度。

6）选择积极、乐观的候选者。

7）那些最想得到这项工作的候选者最有可能坚持到底。

8）雇佣有你所缺乏的专业经验和天赋的队员。

9）明确规定岗位的职责和要求。

10）帮助你的队伍完成卓越的任务。

3.5　男女混合乘组

在极地探险的历史上，男性一直占据着主导地位。但在最近几十年，女性已经逐渐赶上。例如，挪威的探险家利瓦·阿尔内森。1994 年，她作为第一个历时七周，单独滑雪 1 200 千米到达南极点的女性，登上了新闻头条。之后，安·班克罗夫特成为第一个到达南极和北极点的女性，第一个滑雪穿越格陵兰岛的女性。毫无疑问，女性的耐力和气质使其可以加入火星探索任务。但是这样的任务乘组应该由清一色男性或女性组成，还是男女混合组成？

3.5.1　全部女性乘组

NASA 已经执行过好几次全男性乘组的飞行任务，迄今为止他们还从未实施过全女性乘组的任务。事实上，美国的第一名女航天员萨莉·赖德（见图 3－4）直到 1983 年才第一次进入太空。在所有的航天飞机任务中，只有第 32 次任务乘组中有一个以上的女性乘员。女性乘员同时在太空出现最多的人数是四个，发生在 2010 年的国际空间站任务中。

3.5.1.1　优势

早在 20 世纪 50 年代中期，威廉·R·洛夫莱斯博士（外科医生、航空医学生理学家）就建议，女性比男性更适合做航天员。首先，女性体重轻，这将会消耗较少的推进剂和生命保障物资，特别是氧气。在长期孤立的狭小空间环境中，女性的这一优势将会更为明显。这名空军太空医学主管非常支持女性飞行，甚至制订了最早的女性空间飞行方案。但方案很快被搁置了。洛夫莱斯并没有因此却步，他的工作得到私人资金资助，19 名女性入选，完成了与男性候选者相同的测试。在许多方面，女性都做得不错，甚至明显好于男

图 3－4　萨莉·赖德（NASA 供图）

性。然而，她们中没有一个得到飞行机会。那么，全女性组成的乘组有没有机会执行火星任务呢？

从后勤补给上看，全女性乘组更可行，因为女性体重轻、体积小、消耗的能源和物资少。此外，社会学研究表明，女性更适合团队活动。尽管难以量化，但研究表明，女性更倾向于用温和的方式解决、处理人际关系问题。在职责分层明确的团队中，女性具有更好的服从性和灵活性，这在长期空间飞行任务中是一项非常重要的品质。这些优势似乎很有说服力，然而，也有很多因素不支持全女性乘组这一配置。

3.5.1.2　劣势

骨质疏松是个大问题。从生理上看，女性出现这一问题的风险远高于男性。这是因为女性峰值骨量较男性低 10％到 30％。更糟糕的是，在停经时，女性骨丢失将更为明显，尽管这一问题可以通过雌激素替代疗法去治疗。此外，空间辐射也是重要的制约因素，因为女性比男性更容易受到辐射的影响（见图 3－5）。女性空间飞行的最长记录是 195 天，由桑尼塔·威廉斯完成（见图 3－6）。2006 年 12 月，威廉斯作为 14/15 任务乘组成员，乘坐 STS－116 前往国际空间站，直到 2007 年 6 月 22 日，才乘坐 STS－117 返回地球。她与五名飞行时间最长的男性航天员比较见表 3－1。

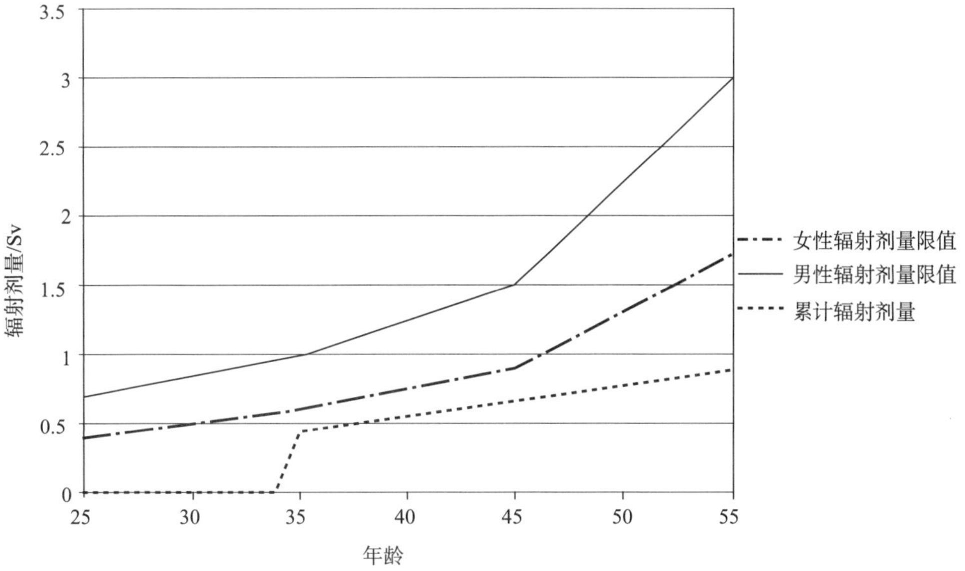

图 3-5　蓝色（女性）和黄色（男性）的线显示了目前 NASA 对女性和男性的暴露限制，这取决于年龄。红线显示了一个 35 岁的乘组人员到达火星时的暴露情况。平均每天花两个小时处于这颗星球的住所之外[6]。改编自 NCPR 132（2000）[7]号报告（NASA 供图）

图 3-6　桑尼塔·威廉斯（NASA 供图）

表 3-1 人类进行的最长的飞行[5]

编号	在轨时长/天	乘组人员	国籍	发射日期 (飞船发射)	着陆日期 (飞船着陆)	空间站
1	437.7	瓦列里·波利亚科夫	俄罗斯	1994 - 01 - 08 (联盟号 TM—18)	1995 - 03 - 22 (联盟号 TM—20)	和平号 空间站
2	379.6	谢尔盖·阿夫杰耶夫	俄罗斯	1998 - 08 - 13 (联盟号 TM—28)	1999 - 08 - 28 (联盟号 TM—29)	和平号 空间站
3	365.0	弗拉基米尔·蒂托夫 穆萨·马纳罗夫	苏联	1987 - 12 - 21 (联盟号 TM—4)	1988 - 12 - 21 (联盟号 TM—6)	和平号 空间站
4	326.5	尤里·罗曼年科	苏联	1987 - 02 - 05 (联盟号 TM—2)	1987 - 12 - 29 (联盟号 TM—3)	和平号 空间站
5	311.8	谢尔盖·克里卡列夫	苏联/俄罗斯	1991 - 05 - 18 (联盟号 TM—12)	1992 - 03 - 25 (联盟号 TM—13)	和平号 空间站

因此，不管女性乘组有多么合适，空间辐射的限制制约了女性参加火星探索任务。但是，如果空间辐射的问题可以得到解决，那么一个男女混合的任务乘组是否合适呢?

3.5.2 混合乘组

在国际空间站上的短期和长期飞行任务中都有混合乘组成功完成的经验，但是，在地面模拟飞行试验中，混合乘组的实施结果并不成功。以朱迪丝·拉皮埃尔博士为例，她是一项 110 天事件填充（incident - filled）模拟的长期太空飞行试验的唯一女性参试者。在试验期间，有一件令人不愉快的事情发生：两名俄罗斯参试者相互斗殴，紧接着，拉皮埃尔的俄罗斯指令长试图强吻她。拉皮埃尔很害怕受到类似的攻击，锁住了连接她的工作舱与俄罗斯舱通道的舱门。作为额外的预防措施，拉皮埃尔还藏起了所有的刀具。在受到骚扰后，拉皮埃尔向指控中心求援。但在真正的火星飞行任务中，指控中心远在数百万千米之外，鞭长莫及，不可能对性掠食者实施隔离控制。模拟试验失败的原因有很多，但就验证能否由混合乘组来执行火星任务而言，结果令人失望。

3.5.3 南极经验

对航天管理机构而言，极地环境是模拟长期空间飞行任务的极佳地点。那么，在南极研究站中发生过什么？一项又一项的研究表明，让已婚的和未婚的男女在一个远离人群的地方待上几个月是一个很糟的主意，非常糟糕。男女乘员之间会不可避免地出现暂时的暧昧和性关系，这会导致乘员之间的关系紧张，竞争压力增加，团队士气下降。更糟的是，如果女性和团队的领导发生性关系，将会引起团队内部更多的矛盾与冲突。听起来男女混合乘组是一个失败的主张，但必须指出的是，也有研究结果显示，乘组中有已婚女性乘员时，对团队士气有着积极的影响。

混合乘组另一个让人关注的问题就是辐射对怀孕的影响。我们假设，任务中航天员有意识地采取了避孕措施，但没有成功，这样将不得不考虑女性航天员怀孕的可能性以及对她们后代的影响。我们参考国家辐射防护及测量协会给出的参考值，孕妇辐射上限为

500 mrem，每个月不能超过 50 mrem。即使是在国际空间站上，航天员所受的辐射量也远远超过这一数值，几乎可以确定会对她们的下一代造成不利影响。在火星飞行任务中，一个怀孕的女航天员将受到极大剂量宇宙辐射的影响，引起组织损伤和基因组不稳定。考虑到对胎儿的不利影响，女航天员只能采取堕胎措施。失重对此更是雪上加霜。

3.5.4　全男性乘组

对于火星任务是否由混合乘组执行的争议主要是出于人性的考虑。目前从生理学角度上说，全男性乘组是唯一的选择。有些人可能会拿性别歧视来说事儿，这毫无意义，除非你带着手术服和裹尸袋执行任务。在极地探险的历史上，有几个特别成功的、为期数年的、由全男性乘员完成的任务。得益于探险领导者们事无巨细的探险日志，我们对这些全男性乘组的群体动态有了较好的了解。既然已经决定了这一点，我们可以更加深入地去看看任务乘员需要何种品质。

3.6　航天员的不当品质

虽然沙克尔顿的选拔经验为火星任务提供了很多可借鉴的经验，但真正的任务乘组选拔肯定会比沙克尔顿的更为严格，尤其是要避免莉萨·诺瓦克式的问题。

玉石俱焚：莉萨·诺瓦克的警示故事

莉萨·诺瓦克，NASA 任务专家（见图 3-7），2006 年执行 STS-121 发现号航天飞机任务，历时 12 天 18 小时 37 分 54 秒，出色完成任务。然而，她仅用了 14 个小时就将这一荣誉毁于一旦。在这 14 个小时里，43 岁的诺瓦克随身携带着她的气枪、刀、胡椒喷雾剂，棒子和 600 美元现金，从得州休斯顿出发行车 1 500 千米开往佛罗里达州奥兰多。她知道空军上尉科琳·希普曼当晚到达奥兰多，诺瓦克想问问希普曼，她与比尔·欧菲林（这场三角恋的中心）是什么关系，欧菲林是与诺瓦克一同在训练的航天员[8]。

根据希普曼的陈述，她之前从未见过诺瓦克，遇到诺瓦克时，后者穿着风衣，戴着墨镜、假发，尾随她到达停车场。由于害怕，希普曼匆忙钻进自己的汽车，锁好门，这时诺瓦克拍窗并试图打开车门，同时恳求帮助："请帮我一下，我男朋友说好来接我，但却没在这儿"，当希普曼表示无法提供帮助时，诺瓦克开始哭泣，希普曼摇下车窗，此时诺瓦克向她喷射胡椒粉，希普曼眼睛刺痛，遂驾车离开并报警。诺瓦克随后被控一级谋杀未遂，此事很快演变为一起涉及 NASA 现役航天员的最离奇的事件[8]。

诺瓦克所属任务团队的选拔过程少有报道（她在 NASA 的任命终止于 2007 年 3 月 8 日）。NASA 自 1959 年开始筹备进入太空起，截至 2007 年，已选拔了 321 名航天员。诺瓦克通过 NASA 严格筛选，在其执行任务前已训练 10 年。和其他航天员一样，诺瓦克通过了精神和心理的严格筛选，这使得她的行为让人难以理解。

一些人认为，NASA 应该已经注意到诺瓦克异常行为的迹象。这固然有道理，但不能忽略的是，那些从事高压力工作的人一般都是成绩卓著者，他们一心扑在工作上，很少关心自己[8]。这种类型的人，例如航天员、极地探险者，他们从事伟大事业的同时，也容易忽视以及否认精神上或心理上疲劳的种种迹象。

诺瓦克上尉的悲剧发生在机场的停车场，想象一下如果是发生在去火星的路上，将会如何？

图 3-7　莉萨·诺瓦克（NASA 供图）

航天管理机构如何在火星任务中避免诺瓦克事件的发生？虽然不能百分之百肯定，但基因筛选和生物特征监测会有所帮助。但是，即使运用这些工具，也无法预测一个具有优良品质特征的航天员在三年的空间飞行任务中受到精神疾病和社会心理问题侵扰的可能性。任何方法都不是绝对准确的，事实上，那些有利于航天员完成短期空间飞行任务的品质，在长期空间飞行中却起着负面作用。现今，航天员通过测试软件和长期访谈进行筛选。标准的测试包括明尼苏达多相个性测试（MMPI）和个性品质测试（PCI）。这些测试结果可以帮助选拔者们区分“合适的品质”（right stuff）、“无用的品质”（no stuff）和“不合适的品质”（wrong stuff）。如果你具备火星探索所需的“合适的品质”，那么在长期飞行任务中，你的情绪将会相对稳定，不易出现抑郁。在团队中你会和队友相处融洽，而且不需要别的队友为你提供心理疏导。即使任务一无所获，你也能忍受长期的飞行环境，因为你会觉得长期飞行任务本身就是一件有意义的事情。与沙克尔顿、阿蒙森和斯科特相似，执行火星任务的航天员需要有应对各种突发紧急情况的准备，以面对任务失败、计划化为泡影的局面。

3.7　预防性手术

火星任务乘员需要照顾好他们自己和整个团队。在南极探险的英雄时代，探险队员们必须与坏血病、疲劳、冻伤和雪盲症等一系列疾病作斗争。他们是如何在地球上最艰苦的环境中应对这些问题的呢？精神药物起到了一定作用。例如，可卡因可以治疗雪盲症，大麻混合辣椒可以处理疝气。还需提到的是，沙克尔顿和斯科特的团队都携带了一种叫做“动力”的药丸，这是一种可卡因和咖啡因的混合制剂，可以有效地提高耐力，其作用就像是现在的红牛功能饮料[9]。这些队员没有装备预充的、压缩的、无菌的、条形码识别的药品。极地探险队员与未来的火星任务乘员唯一相同的医疗装备可能就是阿司匹林和吗啡。但任务中如何选择药品和手术器械也是医学问题的一部分。如果药物无效，手术成为唯一选择时该怎么办？我们再看看来自极地的经验。

3.7.1　罗格佐夫自己切除阑尾

让我们先看看苏联外科医生列昂尼德·罗格佐夫所做的。1961 年，由于阑尾炎发作，可怜的罗格佐夫医生被孤单地留在仅有 12 人的南极基地。为了活命，他必须在极夜期间进行手术，而且只能自己动手。经过一番消毒清洗后，罗格佐夫先说明了手术的难处和应对方法，并给队友们做了分工：一个人托着手术工具，另一个人拿着镜子并调整灯光[10]。还有一个人作后备，以防当前两个人之中有人晕倒时顶上来。之后，罗格佐夫擦拭、消毒、布置手术区，在手术区域使用普鲁卡因麻醉，15 分钟后，普鲁卡因起效，他给身体做了一个 10 厘米的切口。手术的灯光和可见度都太差了，罗格佐夫不得不依靠感觉去手术（见图 3－8）。在手术过程中，罗格佐夫觉得虚弱时就强迫自己休息一下，因此手术持续了近两个小时。切除阑尾后，罗格佐夫使用了抗生素并缝合伤口[10]。五天后，他的体温恢复正常。一周后，他拆除了缝合线。手术后两周，罗格佐夫已经能够回到岗位正常工作了。他在日记中这样写道：

“我没有戴手套，手术很难看清。镜子有帮助，但它也有缺陷，毕竟它只能显示反的镜像。我主要靠触摸去手术。出血很多，但我不能加快速度，我需要确定后才能动手。打开腹膜后，我损伤了盲肠，不得不去缝合它。突然一个念头闪入我的脑子，这里有太多的伤口没有注意到——我越来越虚弱，头晕眼花。每 4～5 分钟我得休息 20～25 秒。最后，我找到了，这该死的阑尾！带着恐惧我注意到它底部的黑点。这意味着再过一天，它就要穿孔了。”[11]

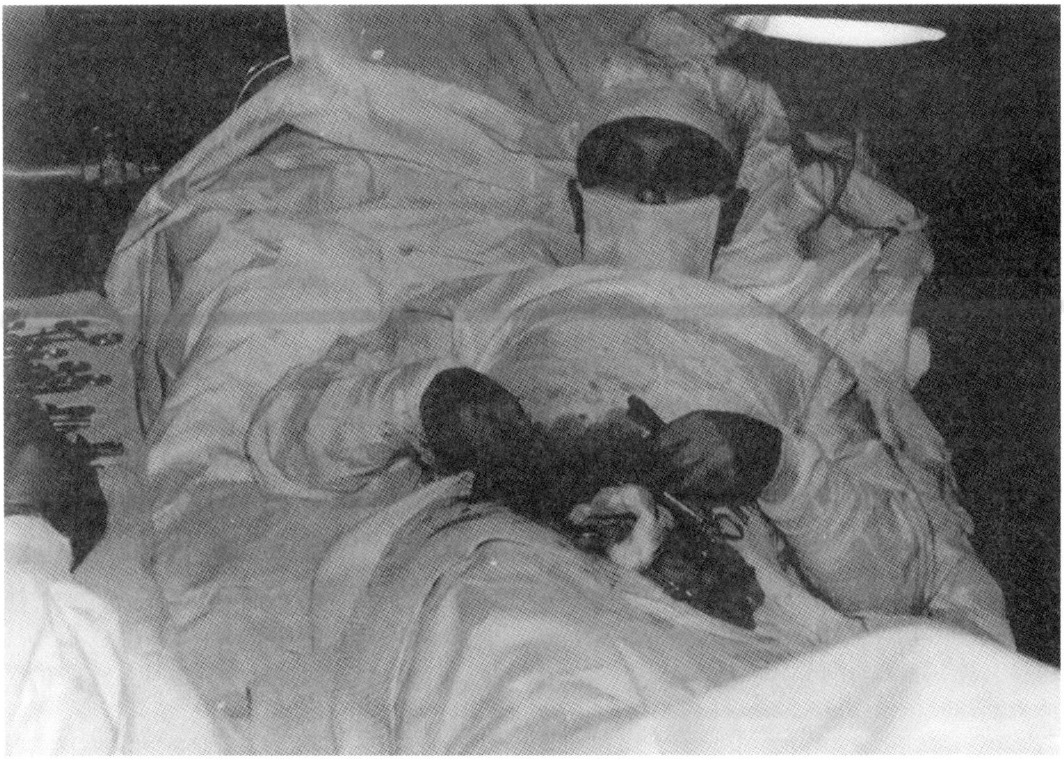

图 3-8　苏联外科医生列昂尼德·罗格佐夫在没有任何其他医学专业人士在场的情况进行的自主阑尾切除手术，证明了他们活下去的决心和意志。手术在当地时间凌晨两点钟开始。罗格佐夫首先用 20 毫升 0.5%的普鲁卡因经多次注射渗透到腹壁。15 分钟后，他做了一个 10 厘米的切口。伤口深处的可见度并不理想，这意味着他有时不得不抬起头来，以便看得更清楚或使用镜子，但在很大程度上，他是靠感觉工作的。30～40 分钟后，由于全身无力和眩晕，罗格佐夫开始短暂休息。最后，他切除了严重病变的阑尾。他在腹腔内应用抗生素并封闭伤口。手术持续了 1 小时 45 分钟 。[11]

热尔博维奇对罗格佐夫自行实施阑尾切除手术的记录

在手术执行过程中，空间站指挥热尔博维奇命令其中一个乘员拍照记录了这次手术。以下是热尔博维奇对这件事的描述：

“罗格佐夫将腹部切开了一个口，在他切除阑尾的过程中，他需要摆弄自己的内脏。他的肠子不停蠕动，这个情景让我们极度不适，其中一个乘员不敢看，甚至想逃离现场。但是我留下来了，并坚持看了整个过程，阿特梅维和捷普林斯基也留在了现场，尽管事后他们说当时脑子晕乎乎的，几乎快晕倒了。罗格佐夫很镇定，并集中注意力做手术，但是汗水不停地从他的脸上流下来，所以他一直提醒捷普林斯基帮他擦拭额头。手术在凌晨四点结束了，这时罗格佐夫已经面色苍白，十分疲惫，但是他坚持把每件事做完才休息。”[12]

想象一下，在失重的环境中去做这件事吧！

之后，罗格佐夫接着做他的外科医生，但他再也没有回过南极（我真的一点都不怪他）。罗格佐夫是自己给自己做的阑尾切除手术，这需要极为坚强的意志。这类事件对执行火星任务的乘员而言一定要设法避免，因此，实施预防性手术很可能是迫不得已的。

3.7.2　火星乘员的预防性手术

不管乘员选拔有多严格、细致，在超过一年的长期空间飞行任务中，意外事件必然会发生。在潜艇航行和极地探险中就是这样，比如罗格佐夫！长期任务的残酷现实在于，不管你是在前往南极点的途中，还是以每秒几千米的时速疾驰，探索任务始终与人相关。即使是最健康的乘组人员，也可能出现损伤，甚至是毫无预警的生命危险。阑尾炎、胆囊炎、憩室炎、胰腺炎、肠梗阻等都有可能。给行星际飞船配备一整套应对完整疾病谱的医疗装备是不可能的，事实上差距甚远，医疗保障系统的能力与国际空间站上差别不大。因此，基于这样有限的医疗能力，我们应该关注的是识别/筛选容易受上述情况影响的航天员，以及采取合适的预防措施。在许多潜在的非创伤性外科急症中，阑尾和胆囊（阑尾炎和胆囊炎）的问题是最常见的，这些器官在飞行前很容易切除，而且切除后对乘员的健康几乎没有影响。

3.7.3　急性阑尾炎的风险

急性阑尾炎属于外科急症，发症率是每七个人中就有一个。虽然在航天飞行中没有阑尾问题的记录，但在礼炮 7 号任务中，一名苏联航天员出现过急性腹痛，曾被怀疑为阑尾炎。当发现这名乘员得的是输尿管结石时，就避免了撤离。② 在 1982 年的联盟号任务中发生过类似事件。一名苏联航天员因被怀疑患有急性阑尾炎而实施撤离（返回后被诊断为前列腺炎③）。

虽然我们无法预测在载人火星任务中航天员发生阑尾炎的风险，但可以通过潜艇远航和极地探险任务等类似环境任务中的发生率来确定。例如，澳大利亚南极计划报道，阑尾炎的发生率是每天每 100 万人中有 43 个发病，或者说是每 10.6 年出现一例。这个概率听起来很低，但我们不知道阑尾炎的临床表现在失重条件下是否会有所不同。这是因为失重

② 输尿管结石是指在输尿管形成的肾结石，所以叫输尿管结石（输尿管是将尿液从肾脏运送到膀胱的管道）。

③ 前列腺炎是指前列腺发炎。

环境可能引起人体体液及免疫反应的改变，从而增加阑尾炎的发生概率。当然，也可能不会。没有人能确定，因此最安全的方式就是防患于未然。

3.7.4 胆囊炎的风险

图 3-9 是胆囊炎症的图示。胆囊位于肝的下方，其功能是储存胆汁，促进脂肪消化。胆囊炎更容易发生在女性人群中，特别是在 40 岁以后，由胆结石引起。胆囊炎会使胆囊壁加厚，一段时间后，胆囊集中、储存及释放胆汁的功能会下降。

和阑尾炎一样，外科医生在火星飞行任务中针对慢性胆囊炎的风险也做了充分考虑。得益于严格的选拔，目前的飞行任务中还没有一例发生，但这些任务都不满一年。在超过一年的任务中会发生什么？毕竟，对一般人群而言，胆结石的发生率大概是 10%～20%。太空飞行所诱导的免疫抑制会对胆囊炎的发生率产生怎样的影响呢？生化改变及血容量降低对胆结石的形成会产生怎样的影响？没有人知道。因此，我们还是认为，从安全角度出发，预先切除可能是最好的选择。

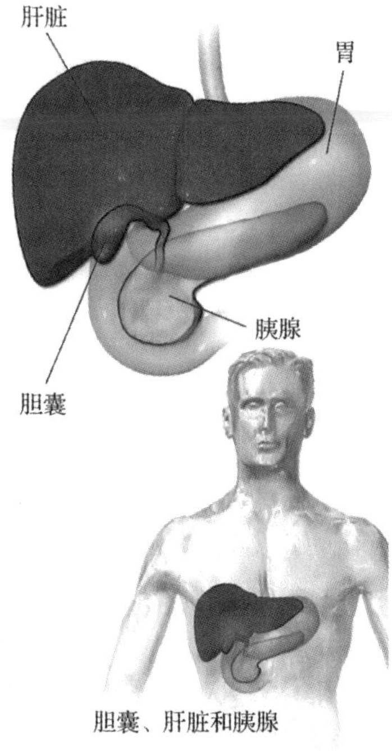

图 3-9 胆囊。资料来源：布鲁斯·布劳斯·布劳森。商业机构的员工。布劳森画廊，2014 年

3.7.5 阑尾炎和胆囊炎的治疗

如果你不幸患上了急性阑尾炎，目前的标准处理方法是在腹腔镜下切除（见图 3-10）发炎的器官。在地球上，腹腔镜阑尾切除术是一种相当简单的手术，只需住院一小段时间。如果你真的很不幸地在一个偏远的地点被确诊患有阑尾炎，可以采用非手术治疗，例

如，肠道休息、静脉输液和服用抗生素。好的方面是，多数非手术病例的治疗效果都不错，在海军潜艇上的成功率接近 90%。

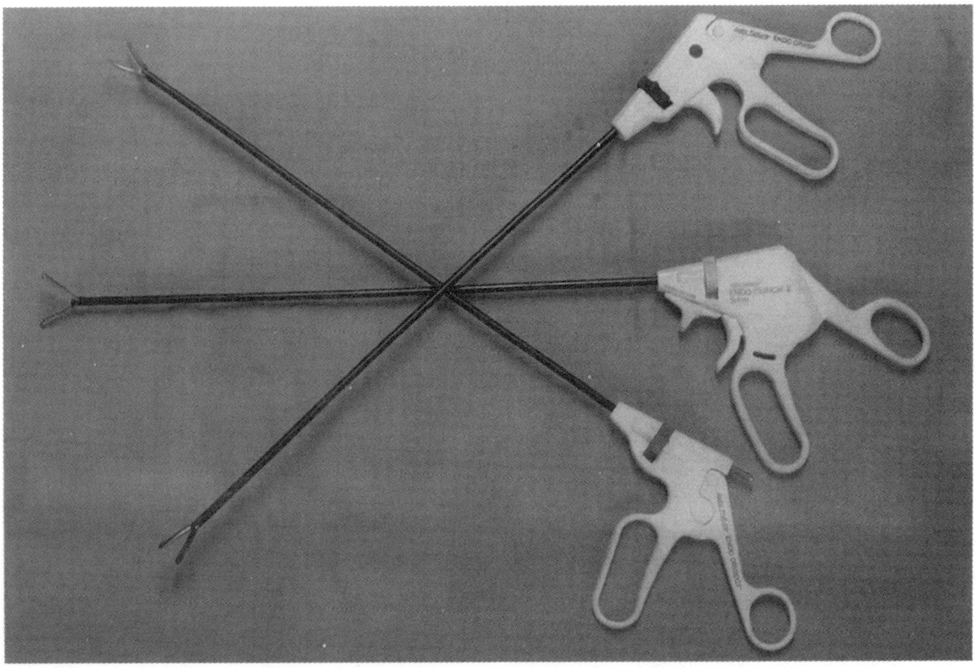

图 3 - 10　腹腔镜仪器。资料来源：英格尼斯

对于胆囊炎，标准的治疗方法是非手术治疗，包括静脉注射抗生素、补液[13]。用来治疗脓肿的经皮腹腔内液体抽吸术也是一种治疗方法[13]。该方法在失重条件下已得到验证，但这种治疗方式需要处理生物废物，而且只有在乘员通过超声图像引导的前提下才可行，但我们的火星乘组还做不到。

3.7.6　预防阑尾炎和胆囊炎

我们必须认识到，在失重环境中，再小的医疗操作也是一项挑战。既然在火星任务阶段去处理治疗阑尾炎或胆囊炎所带来的大量物资消耗和围手术期风险是不可能的，那么我们该怎么做？显而易见，答案就是预防性阑尾切除术、胆囊切除术，换而言之，先发制人的手术。在理想条件下，需要在手术实施前对术后风险进行评估。但是，我们还没有可供评价实施效果和风险的相关信息，因此，事先摘除器官成为唯一阻止任务失败、保证乘员生命安全的方法。也许你会问，为什么不让乘员停止任务撤离呢？在火星上，一个患有阑尾炎的乘员如果想要撤离，粗略估算的时间大概是 9 到 12 个月，所以撤离是不可能的。机器人手术（见图 3 - 11）可能吗？答案是否定的，因为通信时延，机器人手术无法实时开展[13]。那么自治（闭环）图像指导医疗系统如何？或许可以，但我们现在还没有，因此我们必须通过预防措施来管控风险。毕竟，这并不是新点子，这类预防程序在英国、法国、智利、阿根廷的南极越冬任务中已是常规性手段了。

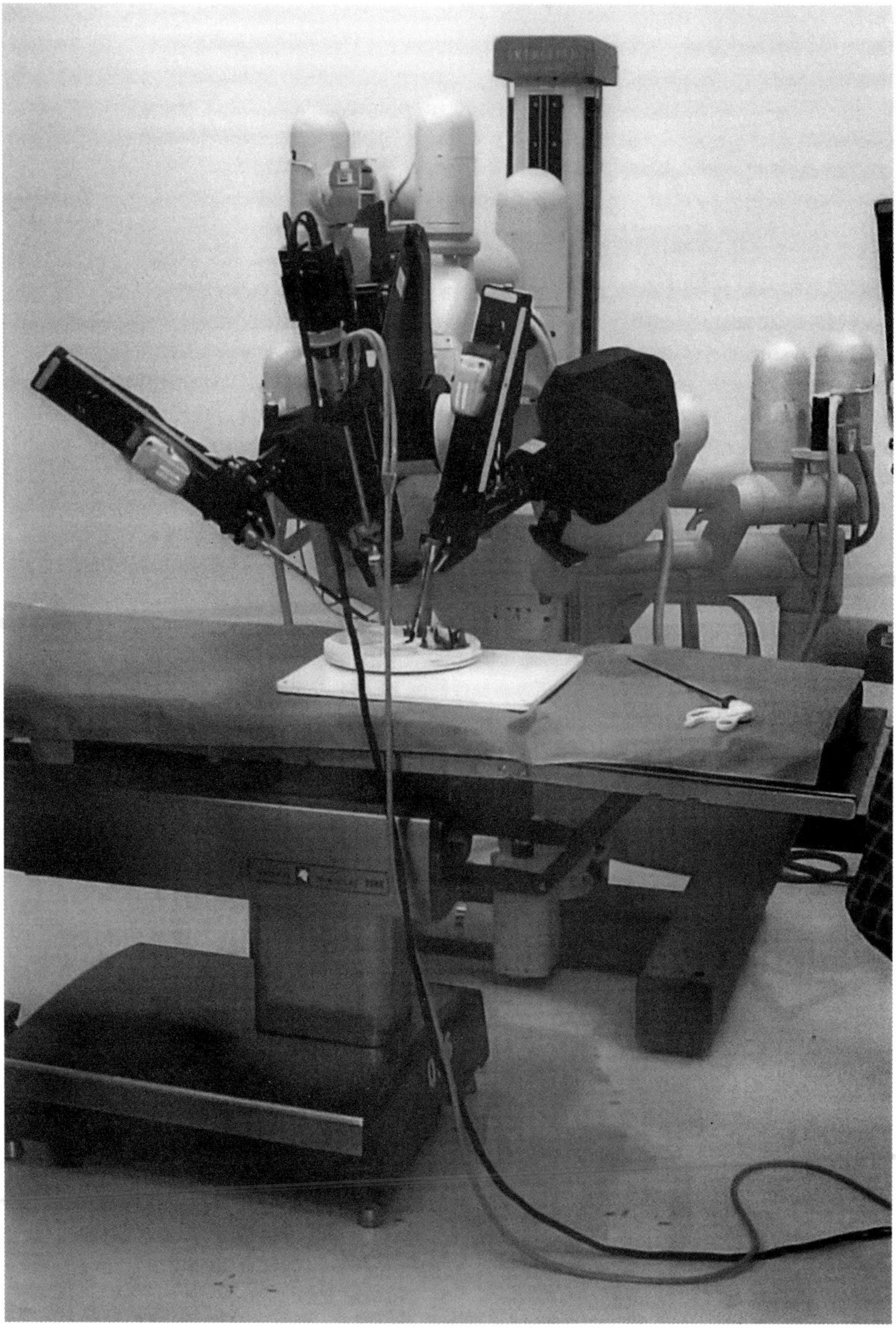

图 3 - 11　机器人手术。资料来源：图列里奥

3.7.7　器官切除的危险

在非炎症状态下切除阑尾，有出血、感染、胃肠穿孔的风险[13]，但风险较低。预防性胆囊摘除的风险与阑尾切除类似，此外还包括胆管损伤（近 700 000 中的 0.4%）和大出血风险（概率为 0.1%～1.9 %）[13]。

3.7.8　伦理问题

为降低风险而移除健康器官，是一件非常严肃的事，因此我们必须讨论一下伦理问题。毕竟，移除正常器官的过程可能会引起手术并发症，最终导致失去飞行资格。但是，火星乘组将执行的这项任务会使他们发生癌症的几率上升 5%，骨密度大幅度下降，失明风险上升，面临一大堆危险因素。这可能是人类迄今为止将要做的最危险的探险。有机会入选的航天员将很有可能选择采取预防性手术，这可以增加他们在飞行中占一席之地的机会。对社会而言，这种方法可能与伦理相悖，但对任务设计者而言，它降低了风险，因而在伦理上也是可行的。

风险就是损失和受伤的概率，主要由两部分组成。一部分就是行动可能带来的危害的严重程度，另一部分就是这种危害发生的概率。因此，风险最高的行动就是很可能带来极大危害的行动。风险较低的行动是指不太可能发生高危事件（比如飞行中的坠机事件），或者具有较高的发生微小损害的概率（例如走很长一段路，脚很可能会被磨出水泡）。最低风险行动是指极小的危害发生的概率都很小的情况。因此，风险程度必须与行动带来的收益相平衡。如果风险升高，而潜在收益降低，则很难通过伦理审查来决定该行动是否可被人接受[14]。

但是，是否该问问航天员的权利呢？好吧，入伍需要放弃某些权利，参加火星任务乘组也是一样。在某些条件下，出于完成任务的需要，军人的自治权是合法的，也符合伦理。长期飞行任务也会采用类似的方法。

3.7.9　遗传学

你可能会要问了，遗传学的内容与极地探险、火星飞行之类的任务有关联吗？答案是肯定的。记得阿蒙森成为到达南极点第一人的一项关键因素是他的雪橇犬——格陵兰哈士奇（Greenland Husky，见图 3 - 12）。正是得益于几个世纪的自然选择，阿蒙森队伍的动物伙伴们才可以如此完美地适应极地的生存环境。通过数百年的杂交、育种和适应，这种血统的犬耐力近乎完美，成为了适应寒冷天气、高工作负荷的多用途犬，是极地探险的完美选择。这就是为什么许多最成功的探险者都在任务期间选用这一品种的犬，包括弗里乔夫·南森，他在《滑雪穿越格陵兰》一书中记录了自己的经历。

图 3-12　格陵兰雪橇犬。这些犬有着强壮的身体和非凡的耐力，能够在最恶劣的工作环境中拖拉重物，因此，它们被用于许多极地探险之中。资料来源：伦纳特·拉森

“没有时间去等待达尔文的进化论让我们变得更聪明、更强壮了。不过我们已经进入了一个新阶段，称之为自我进化阶段。我们能够改变和改善我们的 DNA。现在就有一个绘制人类 DNA 全序列的项目，可能会花上几十亿美元，但就它的重要性而言，相当便宜了。一旦了解到生命的奥秘，我们就会回归正途。起初，这些变化可能会局限在修复基因缺陷上，例如囊纤维化和肌肉萎缩。这些都是由单基因控制的，易于识别和更正。其他的品质，例如智力，可能被大量的基因控制。要找到它们，明确它们之间的关系就困难多了。但我相信在 21 世纪，人们会发现如何修改像智力、攻击性这种天性的方法。[15]”

“法律将会禁止将基因工程用于人类。但是有些人无法抗拒改变人类特质的诱惑，如记忆容量、抗疾病性和寿命。一旦有经过改造后的超人出现，将会引发许多政治问题，因

为没有参与基因重建的人，将失去竞争力。假设没有改造的人全死了，或者变得无足轻重，取而代之的是一个自我设计、不断改造自己的种群。”

——斯蒂芬·霍金[16]

虽然我们不能等上几个世纪来培育完美适应火星的航天员，但我们将很快获得遗传筛选和基因改变的技术。请正视这一点：人类，即使是经过高强度训练的航天员，仍然是脆弱的生物。只要有足够的空气和合适的温度，人类就能正常工作[17]。然而，一旦我们被剥夺了空气，或者气温骤降，麻烦就大了。简而言之，人类不合适在非保护状态下去探索这个星球上的极端环境，或是去探索其他星球。事实上，我们能够访问火星的唯一方式要通过机械工程的帮助，除非我们自身可以进化得像格陵兰哈士奇那样。

3.7.10　改造航天员基因

从化理学角度来说，不是每个人都支持通过基因工程技术改造航天员的基因，使他们可以在恶劣的环境中工作。但是，如果航天管理机构支持基因改造工程，那么距离把航天员送上火星的目标将会更进一步。毕竟，长期空间飞行对火星任务乘员而言，对其生理上是一个噩梦，他们需要面对高剂量辐射、骨密度丢失和癌症高发风险。让我们先考虑一下：工程师将尽最大努力保护航天员免受辐射，但即使是最坚固的防护材料也不能屏蔽深空宇宙辐射对航天员的影响，因为辐射将破坏火星任务航天员的 DNA 序列[17]。基因损坏一旦形成，细胞将无法正常工作和自我修复。来自太阳耀斑的高能粒子（质子）将会以每小时数百万千米的速度冲击飞船达数天之久。而飞船内的航天员面对这样的影响，所采取的防护措施几乎可以忽略不计。还有宇宙射线，长期暴露于星际射线将会增大航天员患上癌症、白内障和其他疾病的风险，因为这些辐射能够穿透几厘米厚的固体。这些辐射能产生怎样的损伤？如表 3－2 所示，损伤情况取决于暴露程度，症状包括恶心、呕吐、出血、腹泻、死亡等。

一般来说，辐射剂量越高，急性症状越严重。器官系统特别容易受到辐射的影响，因为如果某一组织中有太多的细胞死亡，器官将可能出现故障。比如，如果胃肠道细胞大量死亡，肠道将无法吸收食物，支持电解质平衡[19]。这也是为什么受到大剂量辐射后，人会发生呕吐的原因。

表 3－2　严重辐射对人类的短期影响[a]

剂量/rem	可能产生的生理效应
10～50	无明显症状，轻微血液变化
50～100	5%～10%的人在第一天有恶心呕吐症状；虚弱，无行动不良；淋巴细胞[b] 和嗜中性白细胞暂时减少，无死亡风险
100～200	25%～50%的人在第一天有恶心呕吐症状，伴随着其他辐射症的症状；50%的人淋巴细胞和嗜中性粒细胞减少，无死亡风险
200～350	大多数人在第一天都有恶心和呕吐的症状，伴随着其他辐射病的症状，如食欲不振；减少高达 75%的所有血液循环元素；暴露者死亡率达到 5%～50%
350～550	几乎所有人在第一天都有恶心和呕吐的症状，伴随着辐射病的其他症状，如发烧和消瘦；六周内死亡率为 50%～90%；幸存者用了六个月康复

续表

剂量/rem	可能产生的生理效应
550～750	所有人都有恶心和呕吐的症状，伴随着严重的辐射症状。死亡率为百分之百
750～1 000	严重恶心与呕吐症状持续至第三天。存活时间缩短至三周以内
1 000～2 000	在 1～2 小时内就会发生恶心呕吐；多数在两周内死亡
4 500	几小时就丧失活动能力；多数一周内死亡

注：[a]表格改编自 A. Nicogossian 和 C. Huntoon C，eds，空间生理与医学，第三版（Philadelphia，Lea & Febiger，1994）[18]。

[b]淋巴细胞是一种白细胞，通过产生抗体来杀死入侵人体的病原体。中性粒细胞是一种白细胞，它帮助人体免疫系统抵御疾病。

还有一些后续的辐射效应，包括癌症、基因突变和大脑损坏。当人体暴露于辐射时，辐射能通过与组成细胞的分子中的电子相互作用，沉积在细胞水平。辐射沉积导致组成复杂分子的原子丢失与分子相连的电子键。某些时候，分子可以自我修复。但是，如果持续暴露在辐射下，分子模板，例如 DNA，将无法自我修复，甚至可能死亡。或者，细胞修复不完善，留下损坏的 DNA④ 细胞。这样一个不稳定的细胞及其子代将引起一个尚未确知的过程，这被称为基因组不稳定性。基因组不稳定是癌细胞的一个标志，被认为参与了肿瘤的发生过程[20]。

另一个令人担忧的是重离子（见图 3-13），以及这些粒子对大脑造成的损害。最近的研究表明，在火星飞行任务中，重离子是主要的危险因素之一，因为它们可能对航天员的大脑造成如此大的伤害，以至于乘员可能在到达目的地后，却发现他们失去了一些记忆能力。这是因为重离子可以穿过多层细胞引起细胞损伤、生化改变和功能改变。计算机建模结果显示，在火星飞行任务中，46％的海马细胞将会受到至少一个重离子的攻击[21]。

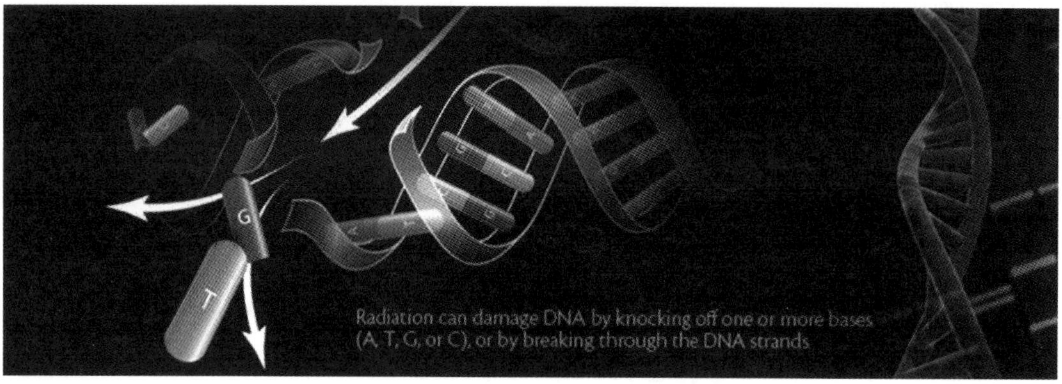

图 3-13 DNA 损伤（NASA 供图）

④ DNA 的一个重要特性就是可以自我复制，双螺旋结构中的每条 DNA 链都可做为复制序列的模板。这在细胞分裂过程中十分重要，因为新细胞的 DNA 必须与原细胞保持一致。当细胞被射线破坏就会产生突变，因为射线改变了 DNA 中核苷酸序列，当 DNA 链分解复制时，变化了的核苷酸序列将与错误的序列配对并产生变异。射线还能破坏 DNA 键，产生突变基因，进而使蛋白质功能发生改变[21]。

“对NASA的载人飞行任务而言，宇宙辐射并不是一个严重的问题，这是因为飞行时间短，在近地轨道飞行，受到地球磁场的保护。但是，如果我们计划离开地球轨道前往火星，就有必要更好地开展辐射危害和风险评估研究，以便知道是否需要开发防护措施，如药物或更好的护具等。对宇宙辐射，尤其是深空探测中的重元素宇宙辐射，目前我们知道得太少了。”

——菲利普·斯卡尔帕，M. D.，NASA飞行医生[22]

另一个任务杀手是骨质疏松，航天员一旦进入太空，这个问题也就开始了。在轨的前几天，航天员体内钙排泄量会增加60%～70%。这样的损失持续存在，这意味着航天员的骨矿物质会丢失，骨结构也会发生改变。骨密度（BMD）丢失主要发生在人体骨骼系统的主要承重部件，如腰椎、股骨颈和胫骨。研究表明，国际空间站乘组人员每月骨密度约下降2%，这个值是绝经后妇女的五倍。这对将执行一年以上火星飞行的乘员来说实在不是一个好消息。

当然，火星表面重力约是地球的三分之一，可以减缓航天员骨骼脱钙的情况，但仍然有发生骨折的危险。乘员一旦发生骨折，重力将会阻碍治疗。除了骨密度丢失，航天员将不得不处理宇宙辐射所引起的放射性骨坏死。由于火星任务航天员所受的辐射剂量会损伤骨的体积和完整性，人们针对长期飞行任务中辐射对骨骼结构的可能影响进行了深入研究。南卡罗莱纳州克莱姆森大学和布鲁克海文国家实验室用微型计算机断层扫描法来测量全身暴露于宇宙等量辐射对小鼠的影响。小鼠受到的辐射剂量与星际航天员可能受到的辐射剂量等值，分析小鼠左胫骨和股骨的体积及密度，结果表明，骨的完整性永久性缺失，支撑能力下降，这对那些未来将在火星表面上迈出第一步的航天员来说真不是什么好消息。

除了辐射和骨丢失，火星乘组还有可能面临视觉损伤的风险。有三分之一的国际空间站乘员在返回后出现视觉损伤。这一问题直到2005年才被一名不愿透露姓名的航天员揭露出来，也因此启动了对航天员群体进行这一问题的调查。尽管短期飞行还不至于严重到致盲，但没有人知道火星飞行会发生什么状况，更令人担心的是，研究者们对此仍很困惑。

3.8　格陵兰哈士奇解决方案

那么，我们该做些什么？基因检测可能有帮助，例如一些人拥有辐射抗性基因，还有一些人骨密度高于常人。但是，找到这个兼具辐射抗性、高骨密度以及对视觉损伤免疫的人太难了。那么，为什么不从改变航天员入手呢？

我们需要认识到，人类不是为了适应太空而生存的。即使通过了层层的严格筛选，还是有很多难题摆在眼前。那么，是否可以通过修正航天员的DNA而助他们一臂之力呢？怎么做呢？以辐射为例，解决方案是——细菌。耐辐射奇球菌是一种可以对抗辐射的细菌，确切地说，它坚韧得像钉子一样，可以耐受高于人类承受限值数千倍的辐射。不仅如此，在受到辐射损伤后，它还可以修复 DNA。在将来，如果可以将耐辐射奇球菌的 DNA 移植到人的基因上，那么就能创造一个抗辐射的太空旅行者了。相似的基因修正法可以应用到骨丢失预防上，只要插入骨再生基因便可。伦理？没有问题，因为基因拼接可以在轨实施。多年来，我们一直在探讨实现航天员火星飞行任务所需的设备——人体离心机、药物干预措施、辐射风暴的避难场所等。上述工具仍然需要，但真正可以帮助航天员成为一名星际旅行者的方法，应该还得像阿蒙森那样，选用格陵兰哈士奇。

参考文献

[1] De Long G. The voyage of the Jeannette：the ship and ice journals of George W. De Long，lieutenant - commander U. S. N. and commander of the Polar expedition of 1879—1881. Nabu Press. 2011. pp68.

[2] http：//www. asc - csa. gc. ca/eng/astronauts/selection. asp.

[3] Shackleton J. Shackleton：An Irishman In Antarctica. University of Wisconsin Press. 2003. pp144.

[4] Wild F. Shackleton's Last Voyage. Amberley. 2015.

[5] http：//www. spacefacts. de/english/e _ tis. htm.

[6] http：//www. space. com/21813 - mars - one - colony - space - radiation. htmI.

[7] http：//www. ncrppublications. org/Reports/132.

[8] Seedhouse E. Trailblazing Medicine：Sustaining Explorers During Interplanetary Missions. Springer - Praxis. 2011. pp 45 - 46（Chapter 3).

[9] http：//www. npr. org/blogs/health/2012/09/27/161881513/cocaine - for - snowblindness - what - polar - explorers - packed - for - first - aid.

[10] Seedhouse E. Trailblazing Medicine：Sustaining Explorers During Interplanetary Missions. Springer - Praxis. 2011. pp 51.

[11] Auto - appendectomy in the Antarctic：case report. British Medical Journal. 15 December. 2009. 339.

[12] http：//www. antarctican. org/antarctican _ society/PDF%20Files/pack _ ice/Autoappendectomy. pdf.

[13] Kirkpatrick AW，Nicolaou S，Campbell MR，Sargsyan AE，Dulchavsky SA，Melton S，Beck G，Dawson DL，Billica RD，Johnston SL，Hamilton DR. Percutaneous aspiration of fluid for management of peritonitis in space. Aviation Space Environmental Medicine. 2002 Sep；73（9)：925 - 30.

[14] Gibson TM. The bioethics of enhancing human performance for spaceflight. Journal of Medical Ethics. March 2006；32（3)：129 - 132.

[15] Johansen A. Pa ski over Grϕnland 100 ar etter：Nansens ekspedisjon fra 1888 i 1988. Metope 1988. 2003，Norway，Kagge Forlag.

[16] Schiller J. 21st Century Cosmology. Book Surge Publishing. 2009. pp128.

[17] Seedhouse E. Beyond Human. Springer. 2014.

[18] Nicogossian A. Space Physiology and Medicine. Lea and Febiger. 1989.

[19] Seedhouse E. Martian Outpost：The Challenges of Establishing a Human Settlement on Mars. Springer - Praxis. 2009. pp 174.

[20] Little JE. Genomic instability and radiation. Journal of Radiological Protection. 2003 Jun；23（2)：173 - 81.

[21] Lodish H，Berk A，Zipursky SL，Matsudaira P，Baltimore D，Darnell J. Molecular Cell Biology. 4th edition. Section 12. 4. DNA Damage and Repair and Their Role in Carcinogenesis. New York：W. H. Freeman；2000.

[22] http：//news. ufl. edu/archive/2007/12/brain - stem - cells - sensitive - to - space - radiation. html.

第 4 章　隔离和医学保障

极地探险被设计成以一种最纯净，也最孤立的方式度过一段艰难时期。

——阿普斯利·谢里·加勒德，《世界上最糟糕的旅程》

（帝国丛书，2011[1]）

图 4-1　1896 年 8 月，弗拉姆号及探险队成员返回克里斯蒂亚尼亚。后排从左到右：布莱辛，诺巴尔，莫斯塔，亨里克森，彼得森，约翰森。坐着的：本特森，斯科特·汉森，斯韦德鲁普，阿蒙森（带着犬），雅各布森，南森，胡埃列。来源于弗里乔夫·南森 1893 年的书《最北的地方》（1897 年，伦敦康斯特布尔公司出版）[2]（公共版权）

正如阿普斯利·谢里·加勒德在他的悲惨故事中提到的，他是一名极地探险者，探险是艰辛的旅程，它影响人的方方面面。极地探险者和那些在南极研究站（见图 4-2）工作的人们所经历的症状，与火星乘员将要面对的极其相似：

1）愤怒和急躁；

2）南极呆望；

3）焦虑；

4）心情低落；

5）入睡困难；

6）睡眠维持障碍；

7）睡眠紊乱；

8）疲劳；

9）头痛；

10）认知损伤；

11）智力迟钝；

12）人际关系紧张；

13）快速眼动睡眠期消失；

14）注意力、记忆力、推理和警觉性等认知任务准确性降低，反应时延长。

隔离、禁锢和环境这三个因素，又被称为ICE压力因子，贯穿于旅程的每个阶段，将共同给旅程带来独一无二的挑战。

图 4-2　阿蒙森-斯科特南极站。请注意南极点和南极条约最初 12 个签约国的国旗。

资料来源：美国南极科学基金会

4.1 隔离

“我们被困在无尽的冰海之中，我们讲了所有故事，真实的或是虚构的，我们只能做这些，长夜漫漫，我们度日如年。”

——弗雷德里克·库克，贝尔基卡号上的医生[3]

南极研究站如图 4-2 所示，每年的二月到十月完全与世隔绝，这个时间长度与火星乘组使用传统火箭抵达目的地的时间差不多。正如南极居住者不能见到家人一样，那些在飞往火星路上的乘员也将体验孤独和剥夺。距离会令诸如家人病重垂危、岌岌可危的婚姻关系等各种个人困境雪上加霜。在南极，正常作息被打乱，长时间等待轮换队员，或是环境条件引起的交流障碍等会导致越冬压力和与外界的不协调。火星乘员几乎肯定也会面临类似的问题。

被隔离在南极，生活艰苦。队员们通常会罹患深度睡眠缺乏、缺氧、节律紊乱、剧烈的头痛、免疫系统机能失调和甲状腺功能紊乱等病症。再加上与外界支持系统远隔数千千米，最终导致了越冬综合症。该症群具有如下症状：心不在焉，易怒，偶尔呈现被催眠的状态，即南极呆望。这些以及其他一些症状被发现已有时日，弗雷德里克·库克①——极地探险家和贝尔基卡号船上的医生，是最早报道者之一。最令人担忧的是，约 5%的人出现的症状按标准可诊断为精神失常，一些人的症状严重到需要临床治疗（如果考虑到南极工作者在承担越冬任务前都经过心理选拔的话，这个数据可能有点高）。

4.2 禁锢

1893 年，弗里乔夫·南森乘坐弗拉姆号——一艘为向北漂过冰海而定制的船只，开始北极探险（见图 4-3）。南森的理论灵感来自珍妮特号航行，后者到达过新西伯利亚群岛东北部。珍妮特号漂过北极海后在格陵兰岛西南海岸被发现，据此南森推断，温暖的极地洋流是冰层移动的原因。但在冰里待了一年多，弗拉姆号显然无法到达北极点。因此，当弗拉姆号到达北纬 84°4′时，南森采取了大胆的行动，继续步行向北，此时仅有亚尔马·约翰森陪着他。这是一个鲁莽的决定，因为这不仅意味着将无法返回弗拉姆号，而且南森计划中的旅程要经过浮冰到达距离他们的出发点以南 800 千米的最近的已知陆地。

1895 年 3 月 14 日，南森和约翰森带着三个雪橇，两个皮小艇和 28 条犬开始了他们的旅程。不到一个月后，他们到达北纬 86°14′，这是当时达到的最高纬度。他们转身返回，但未发现希望到达的陆地。1895 年 7 月 24 日，利用皮小艇划过开放水域后，他们

---

① “长夜的巨大黑幕，不仅笼罩住了外面冰天雪地的世界，也蒙住了我们的灵魂，在餐桌旁，在实验室里，在甲板上，人们忧郁又沮丧地坐着，沉浸在悲伤的梦境中无法自拔。”引用自弗雷德里克·库克[4]。有些探险队经历可能更悲惨，例如格里利探险队（1881—1884 年），试图在埃尔斯米尔岛建立基地，却陷入了“食人门”，25 名队员中仅有 6 人生还。

图 4－3　1894 年 3 月，弗拉姆号卡于冰层之中（公共版权）

发现了一组小岛，在那里他们用石头、地衣和海象皮建了一个小屋（见图 4－4）。他们在小屋度过了黑暗的 9 个月，每天睡 20 多个小时，等待着春天。他们主要以北极熊肉和海象脂肪为食[2]。1896 年，南森和约翰森向斯匹次卑尔根岛行进，但一个月后他们不得不承认迷路了。幸运的是，努力带来了机会，他们遇到了弗雷德里克·乔治·杰克逊②，后者正带领英国杰克逊-哈姆斯沃恩探险队在岛上过冬。南森和约翰森从杰克逊处得知，他们身处法兰士约瑟夫地群岛。从此岛出发，南森和约翰森返回了挪威北部的瓦尔都。

很难想象比南森和约翰森在 1885—1886 年冬天所经历的更加原始的与世隔绝了。但极地探险史上富有韧性、足智多谋的人很多。下面再看看四个波莫里猎人扣人心弦的故事。1743 年，他们发现自己被困在斯瓦尔巴特群岛的埃季岛上孤立无援（见图 4－5）。一待就是六年，这群勇敢的人经历了北极的种种磨难，风雪、严寒、物资极端匮乏、与世隔绝，却最终活了下来。最初他们加入了一支 14 人的猎人团队，从白海岸边一个叫莫赞的

② 弗雷德里克·乔治·杰克逊是一名伟大的探险家，曾在隆冬时节穿越拉普兰而闻名。1894 年，他探索了法兰士约瑟夫地群岛，位于北纬 80 度的不毛之地。杰克逊与六名同伴在那里生活了三年。回国后，他将这次探险经历写成一本书——《在北极的 1000 个日子》。

图 4-4　南森和约翰森的小屋（公共版权）

小村庄出发，前往斯瓦尔巴特群岛捕海象。船只在好天气里航行了八天，接着就被吹向埃季岛，而之前很少有船只去过此岛。不久，他们的船被冰封冻了，随后的几天情况越来越糟，船有可能被撞碎。因此，他们决定，成立一个四人分队去调查岛上有什么样的避难所，因为据说几年前曾有海员在那里的小屋过冬。这四个人认为他们不会离开太久，而且知道打猎是获取食物的好办法，所以他们仅带着极少的必需品。在岛上，他们找到了小屋，为躲避风雪就在那里过夜。第二天，他们启程返回，以向其他人报信。但当到达岸边时，发现部分冰块已被冲走，而困在冰中的船可能被昨夜的风暴刮走了。四个人回到小屋，盘算着被困在岛上的可能性。他们日夜守望着，但过了几天，他们得出的结论是船已经沉没了（他们的假设可能是正确的，那艘船再没返回港口）。

这四个人所面对的境况是被困在岛上毫无庇护，而此岛是北极熊繁殖地的中心，而他们所有的弹药都被消耗掉了。更糟的是，岛上没有树或灌木林，这意味着他们无法生火做饭。但为了生存，他们开始着手克服这些困难。能做些什么呢？他们在岛上搜寻，发现了浮木和嵌有长铁钩和钉子的木板。找到的东西不多，但对这些人来说却是救命的绳索。他们用原始的锻造方法，把新找到的硬件做成一个尖头，固定到浮木杆的一端。现在波莫里猎人有了武器，可以捕猎北极熊了。猎杀了第一只熊后，他们用皮毛做了衣服，用这只动物的肌腱做了弓弦。钉子被用做原始的箭头。有了弓箭，波莫里猎人猎杀了超过 250 只驯鹿和各种蓝、白狐狸。冬天将近，节约燃料变得至关重要，不能让火恣意燃烧。幸运的是，没有什么能限制波莫里猎人的创造力，他们用在岛上找到的粘土做了一盏灯，将驯鹿脂肪放进灯里，作为漫长冬季的取暖源。另一个挑战是食物。岛上唯一的植被是苔藓和地衣，驯鹿、狐狸和熊是他们的主要食物。水来源于山泉和融化的冰块。为防止坏血病，他们喝鹿血，吃岛上生长的小草。其中一人不愿意喝鹿血，结果卧床不起，最终死去。他们的精神状态如何？谁知道呢？他们如何应对常年与世隔绝的环境和令人麻痹、头脑麻木的单调生活？他们如何应对寒冷和小屋烟雾弥漫的恶劣环境？天知道，但这些被抛弃者的经历对于被限制在火星飞船中的人是重要的参考。

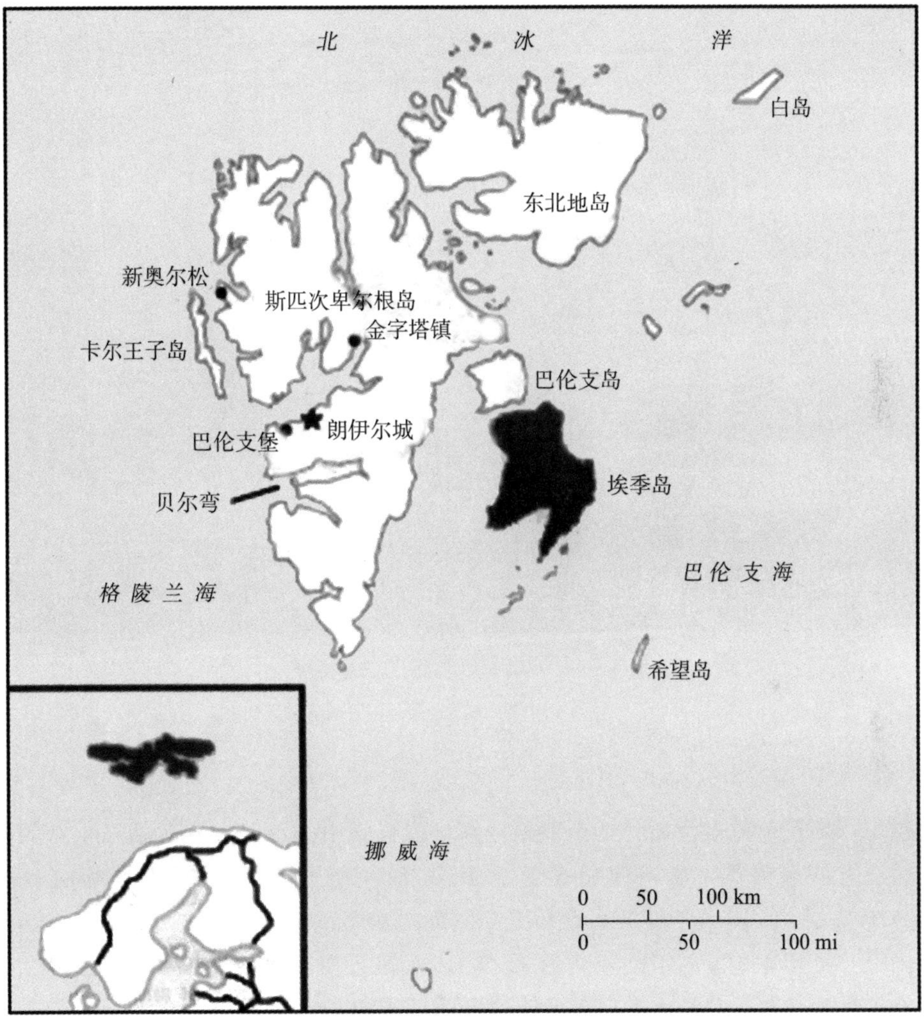

图 4 - 5　埃季岛在斯瓦尔巴特群岛的位置（公共版权）

1749 年 8 月 15 日，猎人们终于获救。因为他们看到了一艘驶往新地岛的俄国商船。这艘船被吹离航道才到了埃季岛附近。六周后，剩下的三人回到了家。猎人们的经历对所有探险者而言是关于信念、坚韧、创造力和智慧的一课。这就是模拟任务饱受争议的原因，比如火星 500，徒劳地将六个人放入一个密封舱内 520 天以模拟太空飞行任务。这些研究者费心读过南森写的《最北的地方》吗？他们知道波莫里猎人超常的生存能力吗？恐怕一无所知。这些模拟试验的研究者认为这些精心设计的模拟任务对于评估密闭和单调环境对人的行为健康的影响是必需的。他们致力于搞过度选拔，挑选那些高学历、高技能的乘员。他们发现了什么？事实上很少。在极地探险的历史上，有很多关于蓝领船员在可怕的禁锢环境下熬过数年的记载。但模拟试验依然存在，比如火星 500 项目（见图 4-6）。

图 4-6　火星 500 乘员（ESA 供图）

4.2.1　火星 500

火星 500 项目由位于莫斯科的俄罗斯联邦国家科学中心承办。它包括三项密闭和隔离研究，每项有六名乘员。第一项完成于 2007 年 11 月，是 14 天的飞行员研究；之后于 2009 年 7 月完成了 105 天的任务；最后是 520 天的密闭，模拟火星飞行任务。六名乘员来自多个国家（见图 4-7），年龄相仿（32 岁），承担了与国际空间站航天员同样的职责。他们中有工程师、医生和军人。520 天连续密闭隔离试验从 2010 年 6 月 3 日持续到 2011 年 11 月 4 日，在一个 550 立方米、体积和形状类似飞船的压力舱中完成（见图 4-8）。火星 500 舱室装有生命保障系统，舱压为正常大气压，工作安排与国际空间站乘员类似，包括每天完成常规工作和偶尔处理模拟紧急事件。乘员们还要面对时间延迟问题，这可能会发生在火星往返途中。在许多方面，火星 500 都有 ICE 特征。

如果没有紧急情况（模拟的）发生，火星 500 乘员每周工作五天，休息两天。他们开展了大量试验，涉及免疫、生理、生化、操作技术和心理等多个学科。他们开展了社会期望偏差测量、睡眠质量检测和情绪状态评估，用以判断抑郁、紧张、愤怒、困惑及其他状态。我想知道，如果波莫里猎人们住在这六个人生活的奢华之所会是什么样子呢？火星

图 4-7　火星 500 乘员在模拟设施外（ESA 供图）

图 4-8　火星 500 设施（ESA 供图）

500乘员完成了一系列用于观察他们的自杀或易怒倾向的抑郁调查表，还完成了用于判断什么时候乘员争议最大的冲突问卷。一旦任务结束，科学家们便仔细研究大量的数据，并在同行评议的期刊上发表文章。但他们真正得到了什么呢？好吧，科学家们发现乘员们出现了抑郁症状和一些心理困扰，但没有发现任何之前的极地探险家没有发现的东西。科学家们指出，在应对长期密闭隔离环境方面，乘员之间存在差异，这也不是什么新发现。远非如此。睡眠-觉醒数据表明：一些乘员发生失眠症，导致在精神运动警觉方面错误增多，研究者提示这可能会在关键任务事件，如手动对接、出舱活动或应对紧急状况时出现问题。也许吧，尽管极地探险者们长期失眠，但仍能在最恶劣的环境中完成关键任务。还记得沃斯利史诗般的导航壮举吗？那是在冰暴和30米高的海浪中完成的。

研究者们为了使他们的研究站得住脚，声称需要鉴别那些在长期任务中影响乘员行为和心理的标志物。他们还说选拔和训练乘组需要这些标志物，如果要在一项多年的任务中幸存下来，火星飞行就需要“合适的品质”。好吧，他们是正确的，但去趟当地图书馆，研究者就可以了解他们想知道的所有关于人类在孤独密闭的环境下生存所需要的能力。不需要把乘员们锁进密封罐里17个月。火星500最终获得的东西极其有限，不仅仅是因为缺少零重力条件，更因为他们非常慷慨地给乘员们提供了非常舒适的毯子，乘员可以在任何时间离开密闭舱。去火星的途中可没有这么舒适的毯子。因此，根据火星500的结果，研究者们能回答“人类能忍受火星旅程的限制吗”这样的问题吗？不能。但依赖波莫里猎人、沙克尔顿、南森和他们的同伴的经验，是最靠谱的。

4.3　环境

即使是今天，凭借所有能提供的先进技术，步行穿越南极大陆也是非常艰苦的考验（火星500的科学家们也许应该在那里做研究），100年前就更难了，非常之难。回顾一下，极地探险的服装多数是羊毛的，这种材质易吸附大量的雪，反复结冰融化后就会变得很不舒适。营养物是一种叫肉靡饼的倒人胃口的高热量脂肪混合物。最糟糕的还是酷寒的环境。斯科特南极探险队队员阿普斯利·谢里·加勒德说，他的牙暴露在零下60℃后裂成了碎片[1]。谢里·加勒德写了一本关于自己在探险队经历的书——《世界上最糟糕的旅程》，书名极其恰当，这可能是以探险为题材的书籍中最伟大的一部[1]。但就算是谢里·加勒德在漆黑一片的南极冬天的经历，其可怕程度也比不上道格拉斯·莫森的悲惨旅程。在南极探险的历史上，莫森的旅行堪称悲惨之极。

1912年，莫森30岁（见图4-9），是一名杰出的地质学家。他没有选择参加斯科特的南极探险，而是决定组织自己的探险队——澳大拉西亚人南极探险队（AAE）。AAE的目的是探索并绘制这块白色大陆一些最边远地区的地图[5]。作为南极探险的老手和天生的组织者，莫森坚韧不拔。莫森的队伍于1912年1月从联邦湾出发。在接下来的几个月里，风速平均80千米/小时，有时超过320千米/小时，暴风雪不断。莫森把他的队员分成四组，一组在基地留守，三组进行科学工作。他自己领导远东海岸组，该组考察距基地数百千米外的冰架。由于莫森和他的队员行程最远、负载最重，这显然是最危险的任务。事实也确实如此。

图 4-9　1916 年的道格拉斯·莫森先生，照片来自国会图书馆

莫森挑选了英国军官贝尔格雷夫·宁尼斯中尉和宁尼斯的朋友泽维尔·默茨。探险者们带了三个雪橇，由 16 条哈士奇拖拉，装载食物、生存工具和科学仪器共 790 千克。在开始的五周，莫森的队伍行进了 480 千米，一切顺利。但接下来一连串的近乎灾难的事件令队员们变得不安起来。第一次是宁尼斯差点掉进冰里，接着莫森嘴唇裂了，导致左脸灼痛。然而，更糟糕的事接踵而至。

1912 年 12 月 14 日中午，莫森测量太阳高度以确定他们的位置。完成测量后，他看到默茨滑在雪橇队伍前，提起滑雪杖指示有一个冰裂隙。莫森大声提醒，然后继续计算。片刻后，莫森看到默茨停了下来，正惊慌地回头看。宁尼斯，他的雪橇和犬都不见了。莫森和默茨冲向裂隙，发现了一个巨大的鸿沟。莫森呼唤朋友的名字，整整五个小时毫无回应。几乎所有的食物都没了，他们只剩下睡袋和 10 天的食物。他们启程返回基地，边走边杀掉剩余的犬为食。食物配给量一日不如一日。不可避免地，两人的身体状况每况愈下：

“饥饿、体表冻伤、轮流睡在潮湿的睡袋里，造成我们全身大面积脱皮；因营养不良，新长出的皮肤组织十分脆弱，稍一摩擦便血肉模糊。因此，行走中的摩擦让那些本就问题严重的部位情况变得更糟，很多地方都没有了皮肤。因为我们从不脱衣服，身上脱落的皮肤和毛发会掉进我们的裤子和袜子里，我们只能定期清理。”[6]

——道格拉斯·莫森（节选自大卫·罗伯茨的《独自在冰上》（诺顿公司，2013））

在距基地 160 千米处，默茨死了。由于身体状况很差，莫森每天只能走八千米，到一月末减少到四千米，因为要花很多体力处理多处损伤。有一次因为暴风雪，几天无法移动一步。2 月 8 日，他终于到达基地，却眼睁睁地看着探险船——极光号驶向澳大利亚！幸运的是，一个海岸组留下来等他，莫森被迫在南极又待了一个冬天。

飞往火星的航天员不会面临酷寒（好吧，至少在到达火星表面之前不会）和谢里·加勒德、莫森所遇到的冰隙，但旅途的环境同样致命。最致命的风险之一是暴露于太阳风暴（见图 4-10）。从火星探测器收集到的信息可知，在旅途中至少会经历四到五次太阳耀斑造成的辐射水平急剧上升。但耀斑还不是最重要的问题。尽管这种太阳风暴是危险的，但其释放的粒子仅占全部辐射量的 5%。目前最大剂量的辐射来自银河宇宙射线（GCR），它所携带的能量高于太阳喷射的粒子，而且这些粒子持续存在，不断攻击飞船和舱内的航天员。各种辐射暴露比较：

1）每年均值：2.7 毫西韦特（mSv）；

2）全身计算机断层扫描（CT）：10 mSv；

3）空间站 6 个月：100 mSv；

4）深空 6 个月：330 mSv。

GCR 携带着可怕的能量扫过人体。这些能量破坏 DNA，造成神经损伤，甚至可能致盲。在深空漫游时，航天员可能会受到 GCR 辐射的剂量是每天 1.8 毫西韦特③，相当于每五天做一次全身 CT。

另一个风险来自于微陨石撞击。这些射弹以每秒 25 千米的速度行进，如果有撞在飞船上，将会造成减压事故。减压的速度取决于洞的大小。大致估算一下，假设空气以 60% 的声速，约每秒 200 米的速度冲出孔洞，按照这个速度，即使是一立方米体积上破损一平方厘米大的洞，在大约 100 秒时间内，压力将下降至原压力值的 1/10。如果飞船的居住容积是 10 立方米，乘员将来不及反应。而且，他们可能会很不幸地被较大的陨石撞到，导致爆炸性减压。这种情况下会发生什么就难以预料了。真空是很可怕的。当肺暴露在极低压力下，糟糕的事情就发生了。肺内的空气很快膨胀，气体交换组织被撕裂。紧接着软组织中的水蒸发，身体开始膨胀。你可能看过好莱坞电影，那些暴露在真空中的人因为皮肤的作用并不会胀爆，但过程依然可怕。

③ 西韦特是一种电离辐射剂量单位，用来衡量低水平辐射对身体的健康影响。

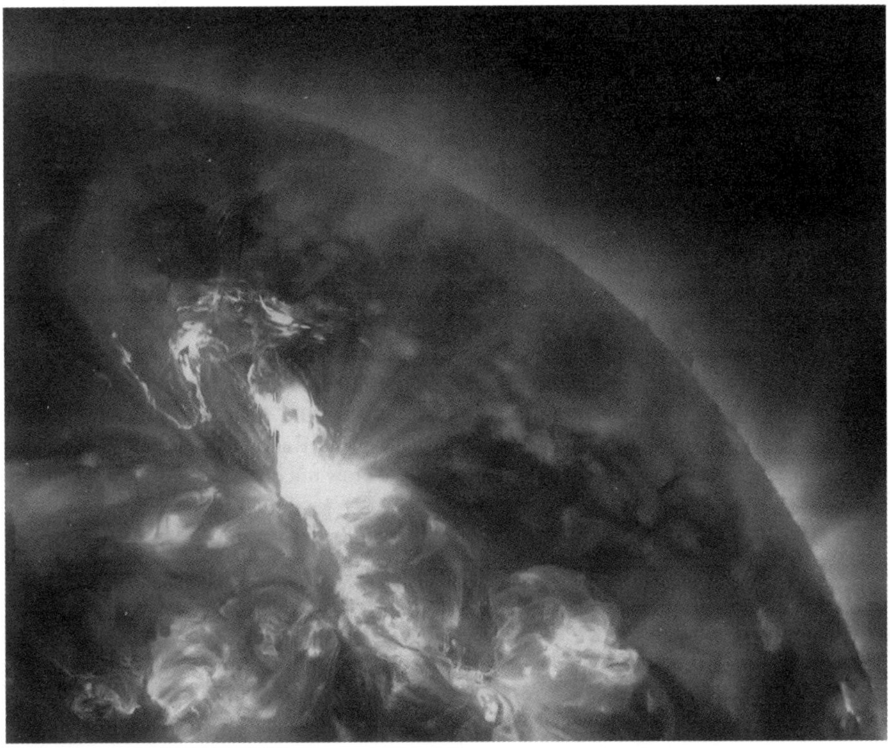

图 4 - 10　太阳风暴（NASA 供图）

同样，乘员的眼睛不会爆炸，但随着气体和水蒸气的不断逸出，口腔和呼吸道将迅速冷却。溶解在血液中的气体在循环系统中产生气泡，气泡流经身体，会堵塞血流。血液循环将在 60 秒左右停止，脑缺氧会使乘员在不到 15 秒的时间内丧失意识，死亡接踵而至。

4.4　情境性问题

乘员处于抑郁、易怒、敌意、睡眠不足、心不在焉和近似催眠状态，麻木地等待着脱离飞船的密闭隔离环境，该怎么办？是否有筛选方法能够区分什么人最可能在这样的环境中表现良好，什么人则不太可能走到尽头吗？没有。对那些在南极待了一段时间的人的分析结果提示我们，在越冬期间有价值的行为预测因子很少，个体间差别很大。确实有一些预测因子，但它们共性很少。你可以在他们回家后对他们进行测试，那些坚持到最后的，最适应极端环境的乘员是那些将期望值调整到与现实环境相符的人。可惜并没有可以鉴别这种人的测试，尽管有军队背景的人通常比别人表现得好一些。

4.4.1　社会特征

研究者通过南极越冬队员的行为表现评估其社会支持角色的方法之一是调查问卷，如心境状态量表（POMS）。POMS 和其他问卷数据揭示了乘员表现出的某些行为模式。其中一个是小团体结构，乘员形成特定的小团体，休闲的时候聚在一起。另一个模式是核心-外围结构。这种结构中，核心组乘员间联系紧密：核心组一方面与追随他们的乘员间相互联系，同时核心组乘员间也联系紧密。第三种模式是以上两种模式的结合，小集团间形成密切联系。比较越冬人员的紧张-焦虑、抑郁、愤怒-敌意等情绪，进行评分，三种模式表现出很多差异：例如那些身处小团体模式的人与核心-外围模式的人相比，表现出更高水平的焦虑、抑郁、愤怒。

让人感兴趣的是，这对火星乘员意味着什么呢？这些数据表明：群体行为和相处方式影响个体行为方式和绩效。它还表明，行为和绩效不受同伴支持程度的影响。这意味着，一个成功的火星乘员应该对与社会隔离有较高的抵抗力——可能是独来独往的人。不仅如此，一个人在 ICE 环境中的社会化行为是否会引起绩效下降取决于他是哪种人：那些需要社会刺激的人做得不会好，而那些适应环境、不依赖同伴支持的人会做得很好。因此，如果你是那种毫无节制地把时间消磨在脸书上的人，你就不是火星的菜。

4.4.2 极地疯狂——幽居病

1913 年深冬，无线电操作员——悉尼 · 杰弗里认为同伴想杀他。杰弗里还认为，他的朋友——探险队队长道格拉斯 · 莫森正在操控他的想法。尽管船员们认为杰弗里逻辑清晰，但他好像已经到了崩溃的边缘。莫森将他的朋友隔离起来，因此，杰弗里的精神失常并没有影响其他人。返回后，杰弗里被送进疯人院。这项探险之后，莫森承认："这个冬天我的大部分时间花在使自己和其他人保持神智正常上了。[6]"

莫森并不是唯一一名在探险过程中受到这种症状影响的队长。其他著名的探险家，如罗伯特 · F · 斯科特，也目击了极地疯狂，但极地疯狂究竟是什么状况呢？简而言之，极地疯狂是一个心理学概念，描述极地区域负面影响所造成的不安状态。症状包括抑郁、社会性退缩、睡眠紊乱、幻觉，以及可怜的杰弗里所表现的那种行为。更让人不安的事实出现在南极科考站，包括一人用锤子袭击他人，一名医生试图建造时光机，拦都拦不住，一个人声称外星人将着陆！这些痛苦是与高纬度环境相关的压力因子引起的，即广阔、寒冷、危险的环境给探险者的身体造成了压力。除了生理压力，极地还会引起强烈的心理影响，这归因于不同寻常的光照周期，持续 6 个月的光照会引起生物节律改变、顽固性失眠或嗜睡。

极地疯狂的经典案例之一发生在斯科特南极探险队，奥茨船长精神失常自杀。探险队的记录中提到奥茨比他的同伴睡得多[1]。现在，我们知道嗜睡是抑郁的信号，也是极地疯狂的症状。在返程途中的一个清晨，奥茨告诉他的同伴，他出去待一会，可能会花些时间，然而却消失在了肆虐的风雪中。许多人认为这是一种为他人节约供给的高尚行为，也有人认为自杀在风雪中谈不上高尚[1]。但奥茨可能已经存在认知损伤，这是一种妨碍他做正确决定的症状。如果你读莫森、默茨、斯科特和奥茨的故事，你会发现病症很少被提及。毕竟这是南极探险的英雄时代，公众期待他们的极地探险家有英雄般的品质和人格特征。

4.4.3　百无聊赖

"第二年冬天小屋不太冷，我们不用挤在一块……，风继续吹，食物一成不变，使我们感觉不好的是偶尔的娱乐需求与作息和单调的气候格格不入。我们接受现实，还需要努力想象自己正身处在一个有草地、舒适的气候和现代化卫浴设施的世界里。"

——弗兰克·比克顿，道格拉斯·莫森的 AAE 队员[7]

我们讨论了航天员和探险者的抑郁、易怒、敌意、睡眠剥夺、心不在焉和轻度催眠倾向，但是无聊呢？毕竟，19 世纪极地探险者的杂志里充满了大量骇人听闻的故事，断了尝试娱乐活动的念想，这些文章估计是那些被严格限制的囚犯写的。看看南森，他的厌倦阈值极低。他和约翰森被困在临时避难所 9 个月，遇到的第一个敌人是无聊。为了度日，他们在微弱的鲸脂灯光下读南森的航海历和导航表格，读了一遍又一遍。显然，南极探险可以传承给火星探险的一个重要经验是即使最称职的乘员也会变得百无聊赖。航天员能战胜无聊情绪的一个方法是保持忙碌状态。NASA④ 精于此道，多年来采取这一策略，从航天员起床至就寝，把白天和晚上的所有时间都加以计划。但这种模式在火星旅途中可能不管用，在南极的研究者是如何避免无聊情绪的呢？他们有很多节日，数目之多有些不合常理，一些是传统的、一些是发明的。这是一个让船员们能有所期盼的好办法。而且，如果你是活动的计划者之一，就会从一成不变的生活中脱身片刻。例如，1983 年冬季，在麦克默多站，队员设计服装、排练，然后演出了电影《纽约大逃亡》的大结局。听起来有点过火，但科学家们对无聊情绪很担心，有些人认为无聊可能是火星旅途中主要的任务杀手之一。他们认为乘员们被迫脱离自然环境，心理刺激会引起可能危害任务的行为改变。他们也指出，由于科学家对人无聊时大脑的活动变化并不真正了解，所以对人的无聊情绪也没完全搞懂。可能吧，但是数以百计的南极探险者们仅靠一摞纸牌和几本书度过了漫长的冬天，火星乘员将住在豪华的舱室里，可以看电影，可以使用界面友好的计算机进行各种交互式活动。无聊可能是压力的一种形式，但就像我们已经看到的，极地探险者们擅长处理压力。不要忘了，沙克尔顿和斯科特探险队的很多队员都是从码头招募的。他们并未得益于多年的训练和准备，只是不断地努力工作。仍然有一些研究者对我们已有的关于极地探险者合理处理无聊情绪的丰富信息视若无睹。他们认为如果大脑没有足够的事儿做，可能会导致抑郁和注意力不集中（他们应该去读读南森和约翰森 9 个月读同一本航海历的记录）。科学家认为，若这种无聊的状态持续过久，会影响大脑的正常功能，因为长期的无聊会产生与抑郁和注意力相关的问题。一个长期处于无聊状态的航天员可能会忘记安全操作程序，当环境让他们感到无趣的时候，可能潜意识里会冒险去寻求刺激。科学家们以南极个体行为为例，强调了南极研究者在零下 40 ℃的天气，既没有穿合适的衣服也没有告诉其他任何人就冒险走出室外的案例。一个航天员会因为无聊让自己冲出气闸舱吗？还记得波莫里猎人在小屋里生活了 6 年吗？他们可能经历了最极端的无聊状态，但幸存了下

④　偶尔，NASA 给航天员安排的工作过多。例如，1973 年，天空实验室 4 号乘组疲劳至极，罢工了一天。

来。因此，我十分肯定，一群训练有素的航天员在执行一项终生任务时也会是这样的表现。如果他们被无聊这件事影响，那只能说明在南森和沙克尔顿的光辉岁月之后，这个社会已经变质了。

4.4.4 健康本源学

乘员不会感到无聊的原因之一在于：健康本源学。这一概念由医学社会学教授阿龙·安东诺夫斯基提出，他试图表达一种概念，即有时压力可能是积极的、促进健康的，而非消极、对健康不利的。如你所想，极地探险者们在应对孤独、密闭和极端环境时遭受各种负面影响。但另一方面，成功应对所带来的快乐会产生积极作用。因而，探险者享受这种经历，在面对具有挑战性的环境时充满斗志。不仅如此，他们还为成功征服这些挑战所鼓舞。在他们的日记里提到了壮丽的陆地、冰川和大海，团队的友谊和支持，以及面临和战胜挑战后的兴奋。这就是为什么很多人一次又一次地报名参加探险。

但行为学家和太空心理学家仍执着于长期任务所带来的负面影响及其对抗措施，没有注意到这种努力所带来的积极的作用。这真让人感到羞愧，因为极地探险已经表明，个体积极适应不宜居环境或极端环境的经历有助于产生以下好的方面：

1）在努力追求重要目标时获得个人成就感；

2）勇气、坚定、不屈不挠；

3）兴奋、好奇；

4）增强自尊心；

5）顽强、坚韧、积极应对；

6）改善健康；

7）群体团结、凝聚力、共同的价值观；

8）个性增强，从众减弱；

9）能够设立和完成更高的目标；

10）思维转变[8]。

这些积极的影响在乘员适应环境时有益于心理健康。

尽管多数研究者选择忽视健康本源学在太空飞行中的影响，但在任务中已经观察到这些影响的存在。例如，航天员积极表达友谊，乘员间的凝聚力，完成任务的满足，以选择太空飞行为自豪，以及从太空中欣赏美丽的地球等。事实上，从目前的趋势来看，航天员们所写的回忆录里记载的积极情绪是消极情绪的三倍，一个有代表性的例子是克里斯·哈德菲尔德的《航天员地球生活指南》（Macmillan，2013）[9]。航天员的自传通常会提到对他人的信任、自治、主动性、勤奋、强烈的个人认同以及对生命价值和意义的信念。这些航天员对于情绪控制、处事能力和积极处理问题，就像沙克尔顿和他的队友、南森和约翰森一样自信。这些自传得出了一些结论：首先，航天部门选拔有心理弹性的人，他们善于解决问题、与他人相处；其次，对多数航天员而言，太空飞行是他们人生经历的巅峰；第三，就飞行后的变化而言，航天员认为他们自己变得更好了。这些发现指出，在面对火星任务所带来的前所未有的挑战时，解决问题和准备对抗措施的重要性，同时也突显了这种探险为航天员甚至全人类带来的巨大益处。总之，那些想要去南极或火星探险的人应该具备以下品质：

1）高成就动机；
2）强烈的冒险精神；
3）对焦虑的低敏感性；
4）30 岁以上；
5）情绪稳定；
6）没有抑郁症状；
7）低神经质；
8）内向但擅长社交；
9）不过度外向或过度自信；
10）对社交需求低；
11）对社会支持需求低；
12）对他人的需求敏感；
13）对缺乏精神刺激的高耐受力；
14）不容易变得无聊；
15）对缺乏成果的高耐受力[8]。

4.5　有随船医生吗？地外医疗保障

“今天麦基尔罗伊给布莱克博罗做手术，锯掉左脚所有脚趾。我用了三氯甲烷，他的麻醉状态很好，后面的手术没出任何问题。我们用煤油炉和大锅消毒手术工具。我们在炉子上烧水，赫尔利负责烧火，做的很好，小屋里没有一丝烟。温度升至 80 ℃，三氯甲烷蒸气产生，我们仅有 8 盎司三氯甲烷，手术进行了 55 分钟，我仅用了 1 盎司……手术台包括手术包，我另外有一个工具箱。我们没有消毒的手术服，仅穿了自己的马甲……。布莱克博罗很快从麻醉中苏醒，提出了一个奢侈的要求——一支雪茄。”

——A · H · 麦克林的日记，1916 年 6 月 15 日，
斯科特极地探险研究所档案[10]

创伤甚至会袭击最健康的人，只要有人参与，创伤就是探险的恒定特征——看看罗格佐夫给自己实施的阑尾切除手术。火星任务中，创伤是策划者最应关注的问题，因为这会对任务带来重大影响。由于空间失重条件的限制，医学保障有限，我们所说的限制主要针对那些最有可能发生的，对乘员和任务影响最大的条件。考虑到这些风险，有效的方法是有一位训练有素的紧急情况和危机处置专家。在南极探险的英雄时代，有 18 个探险队到达了这块白色大陆。其中 14 个探险队有医生，平均每名医生进行了 11 次外科处置，有些使用了常规麻醉，有些没有。所有探险中最不幸的可能就是发生在沙克尔

顿的坚忍号探险队的手术。简单回顾一下，坚忍号遭到浮冰撞击后，被困在冰层中 6 个月。浮冰融化后，他们乘坐小船前往象岛。在那里他们将两艘小船翻过来作为 22 人生活的庇护所，条件恶劣。一名船员即偷乘者珀西·布莱克博罗，在前往象岛的途中冻伤，不久他的脚趾开始出现坏疽。手术是唯一的选择，如同前面麻醉师亚历山大·麦克林的日记摘要中所述的那样。

另一个有记载的手术发生在 1907—1909 年沙克尔顿的猎人号探险中，当时二副埃尼亚斯·麦金托什在卸货时眼睛受伤。以下内容摘自埃里克·马歇尔医生的日记：

> “……检查发现一部分视网膜脱落。乔伊斯告诉我，当他摔倒时看到晶状体在他脸上。首先给他使用阿托品和可卡因，视力达到 2.30，在麦凯和米歇尔（随船医生）的帮助下，我们使用三氯甲烷进一步检查，发现眼球破裂，角膜从中部撕裂，晶状体缺失，玻璃体大量流失，视网膜脱落。我们一致认为需要摘除眼球。尽管手术条件恶劣，空间狭小，器械缺乏，但手术很成功。”[10]

顺便说一句，马歇尔获得医生资格才只有 18 个月的时间，其中 6 个月的时间已经花在了去南极的路上。我想知道今天有多少比马歇尔更有经验的医生会考虑用这样的临时工具做这样的手术？可能很少，但可能是火星任务所需要进行的医学训练。由于太空之旅代价高昂，火星飞船只能容纳基本的医疗设备和工具。对于许多医疗问题，乘组医务人员将使用算法（见图 4－11）来解决问题，但是，如果出现严重的损伤，比如由微陨石撞击造成的股骨骨折，该怎么办？国际空间站上的航天员可以选择接受太空评估，被运送到地球接受治疗，与他们不同的是，那些前往火星的航天员将会像布莱克博罗和麦金托什一样孤独。

请注意
在使用标有星号的药物之前，请与医生联系。紧急情况下或失去信号时，开始适当的治疗;然后尽快打电话给医生。

ALSP
（红色）

1. 打开包装：
   小包药物
   灰色胶带
   橡皮筋
   毛巾

2. 束缚病人并与之交谈
   解释你正在做什么，你正在使用束缚带来确保他的安全。
   用灰色胶带绑住病人的手腕、脚踝，用橡皮筋固定躯干。

AMP
(蓝色)

3. 口服5毫克镇静、抗惊厥、抗癫痫药-烦宁(安定)(P1-A12)

   如果患者不配合口服*烦宁(安定)，按照步骤5所示肌注烦宁（安定）。

   可能出现的副作用
   嗜睡、疲劳、恶心、心率减慢、视力模糊、氟马西尼可用于缓解过量服用。

请注意
备份乘组医疗官应始终与被束缚乘员在一起。确认其桡动脉和足动脉搏正常。如果脉搏微弱或衰弱，放松束缚。

图 4－11　国际空间站用于自杀航天员的医学处置方法（NASA 供图）

4. 在病人受到束缚期间，监测和记录生命体征：

如果血压、脉搏或呼吸不正常或不稳定，大约每5分钟检查一次生命体征，并记录时间。

如果血压、脉搏和呼吸在两到三次读数中保持稳定，将检测频率降低到每15分钟一次，直至收到地面指示。

	时间(分钟)							
	脉搏(√桡动脉(#),主动脉(+))							
ALSP	血压(ALSP-4)							
	呼吸速率							
AMP	AMP：温度(皮肤温度监视器，P3-A7)							

ALSP（红色）

5. 如果患者未口服安定，可肌肉注射5 mg/mL(半安瓿)*安定(药-8,9,10)
有关详细说明，请参阅{肌肉注射}
(SODF：国际空间站:注射/IV)

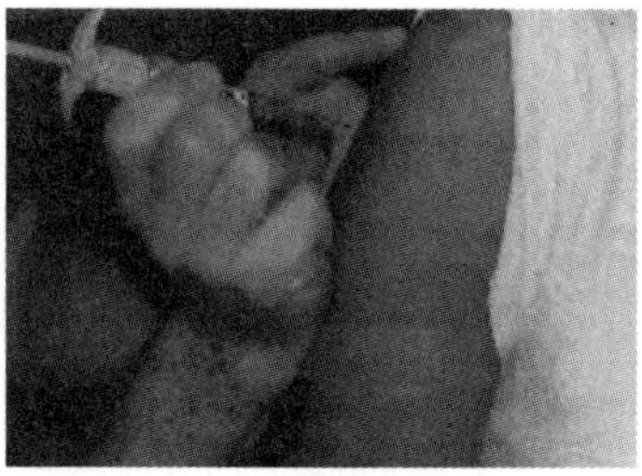

图1　肌肉注射

1. 用酒精棉擦拭待注射部位。
2. 固定在手臂上，轻柔快速垂直于皮肤表面扎入，深度约2～3厘米。
3. 轻轻拔出柱塞，观察回血，以确保针头在不在血管内。如果扎入血管，拔出并在另一个部位再次尝试。
4. 注射药物。

请注意

安定可能导致嗜睡、恶心、呕吐、头痛、疲劳。注意焦虑增加的迹象。

6. 联系医生讨论乘组人员的状态和束缚解除事宜。

图 4－11　国际空间站用于自杀航天员的医学处置方法（NASA 供图）（续）

在轨医疗箱

为降低火星任务的风险，乘员会携带与国际空间站乘员健康保障系统（CHeCS）类似的医疗工具箱。CHeCS 由三部分组成：1）健康支持系统，提供医疗保障；2）环境健康系统，检测国际空间站舱内环境；3）对抗措施系统，提供硬件和乘员训练程序以减小太空飞行对身体的影响。各系统相关硬件如下[11]：

健康支持系统

- 除颤仪
- 医疗急救包
- 呼吸支持包
- 高级生命支持系统
- 乘员医疗束缚系统
- 乘员污染防护用具包

环境健康系统

- 毒物学
- 挥发性有机物分析仪
- 氧化物混合特效分析仪
- 肼混合特效分析仪
- 水质
- 水样本和档案
- 总有机碳分析仪
- 微生物
- 表面样本工具箱
- 水微生物学工具包
- 空气微生物采样器
- 辐射
- 舱外/舱内带电粒子方向分光计
- 组织等比例计数器
- 辐射剂量计

对抗措施系统

- 带有隔振和稳定系统的跑步机
- 医学设备计算机[11]

4.5.1 空间损伤的生理和病理生理学

正如我们从极地探险中了解到的，船员会受伤，所以想象一下，如果一个火星任务航天员受伤了会怎么样。这种情况会如何发展呢？首先，长时间暴露于失重状态下，受伤的航天员会比地面上的病人具有更多的生理弱势，因为他将面临微重力引起的改变，这可能会削弱他们从伤病中恢复的能力。因为在旅程中，身体会经历血容量减小和红细胞数量的减少。更糟糕的是，心脏会萎缩，容易出现心律失常和心输出量减少。由于血管张力的改变、神经内分泌功能的减弱、骨质的丢失，以及免疫系统的抑制和体液的重新分布，航天员的基本伤口愈合能力很可能会受损。但更糟糕的还在后头。在太空中骨密度的丢失通常与飞行时间成正比，不会趋于平稳。在地球上，骨折很少会危及生命，但对于前往火星的航天员而言，长骨骨折很可能是死刑。这是因为在太空中骨骼的愈合减慢了新生血管的形成过程——血管生成过程。当然，由于航天员处于失重状态，应对飞船中的生活可能不需要骨骼保持完整性，受伤的肢体可以用热塑性石膏固定。但是，负荷不足是否会导致骨连接不正或分裂呢？我们不得而知。而且，如果没有固定骨骼的方法，没有正常骨愈合所需的负荷，当飞船到达火星的时候，航天员可能会永久地残废，或者更糟。这不是一个好的任务场景！

4.5.2 损伤控制

飞往火星的飞船上的医务人员很可能不是一名医生。在国际空间站上，这个职位不一定是医生。相反，“机上医生”通常是接受 60 小时医学培训的非医学专家。对于一个长期任务，什么样的医疗培训是最好的，仍有待商榷，但可以效仿国际空间站上长时间工作的人员所接受的培训。这意味着，尽管医疗设备有限，火星乘组中的医务人员将能够对各种医疗事件做出反应。以下将描述到其中一些事件。

4.5.3 太空中外伤的初步复苏

抢救一名严重受伤的航天员将由高级创伤生命支持（ATLS）系统指导，首先处理危及生命的伤病[12]。第一步是保障气道畅通，这一程序已在抛物线飞行中得到验证。如果航天员有胸内损伤如气胸（钝挫伤引起），医疗干预的挑战性将会增加，但并非不可能成功。在抛物线飞行中，张力性气胸采用针刺降压，所以理论上这一程序能在飞船上进行操作。

4.5.4 太空中出血控制

一个要求更高的挑战是处理出血。这是医疗官技能范围内的操作，但控制出血并不简单：在最近的军事冲突中，几名士兵因损伤出血致死，这本是应当得到控制的。话虽如此，过去外科手术是在颇具挑战性的条件下实施，在南极进行的囊肿手术的操作细节可见一斑：

“当罗伊兹因面颊上的囊肿接受手术时，大家认为这是一件有趣且令人愉快的事，并没把罗伊兹当成不幸的牺牲品。克特利茨医生毫无怨言地开始了他在南极的第一台手术，愉快地准备手术事宜。乘员起居室的桌子成了手术台，我自愿当护士，卷起袖子，参与其中。克特利茨则拿出他们收藏的令人颤栗的手术器械——刀、钳、剪刀、线、纱布、绷带，并一一解释它们各自的用途。阿米蒂奇负责冷冻剂药瓶，起居室周围聚满了人。手术开始得不太顺利，冷冻剂功效很厉害，致使刀无法穿过皮肤，我们只能等它融化一点。每个参与者都不断地安慰病人。再次尝试，这次成功了，血流了出来。无疑这有点痛，但囊肿被切除，脸颊被缝合，罗伊兹此后一生都可以通过脸上的小伤疤被辨认，这是南极第一例手术的记录。”[10]

——L·C·伯纳基，《发现的传奇》(布莱基和索恩，1938，P. 581)[10]

最直接有效的操作是定向压迫。另一个有效的方法是使用止血带，它可以与其他资源共同使用，如组织密封剂绑带，在防止血液流失方面，后者好于标准纱布。

4.5.5 躯干出血

比控制出血更具挑战性的创伤处置程序是航天员腔内出血，这意味着需要某种类型的胸腔或腹腔手术来控制内出血。对于绝大多数（99%）出血死亡的人，外部按压是无效的，因为出血点在身体的躯干部位。在地面上，这些事故是可预防的。损伤导致的死亡占早期院内死亡的 4/5[12]。幸运的是，抛物线飞行研究表明，在微重力条件下胸腔和腹腔血液能被检测到[12]。但这是仅有的好的方面，对于进行性出血，受伤的航天员需要外科干预。在火星飞船等艰苦环境中无法进行手术，这意味着麻醉剂将是仅次于手术的最好选择。

但迟早，紧靠麻醉剂处理航天员腔内出血是不够的。外科医生所面临的挑战是没有 CT 或 MRI 这样的设备（没有足够的空间），这意味着他无法获得任何三维图像。当航天员失血增加，其生存几率降低，最终计算机将通知乘组医务人员，这时如果没有医生帮助，死亡将不可避免。随后可能会出现一个令人痛苦的关于安乐死的决定。但也有可能，医疗官是像埃里克·马歇尔那样的类型，决定尝试手术。在抛物线飞行中，已经有足够的研究表明，在微重力条件下进行手术时，操作者、病人和设备都需要被适当固定。尽管微重力窗口很短（20～24 秒），很多手术准备程序已在抛物线飞行中进行了验证。手术流程也进行了验证，包括手术准备、打开/关闭创口，修复腹主动脉损伤等[12]。值得一提的是，手术程序已在飞行中实施。例如，1993 年，STS－58 空间实验室生命科学任务实施了解剖手术。紧接着更多手术在 1998 年神经实验室 STS－90 生命科学任务中实施，航天员进行了常规麻醉、止血、外科流体控制、操作者固定和手术设备操作等[12]。需要说明的是，手术对象并非人类。最近，微创手术（MIS）技术，即通过很小的切口完成病人内腔医学处置，已被证明可在抛物线飞行中实施[12]。在火星任务中，当需要进行手术时，MIS（见图 4－12）可能是一种选择。

对我们的乘员而言，MIS 可能带来了一丝希望，尽管腹腔镜有很多优点，但在飞船的密闭空间中实施这一技术仍有很多令人头疼的问题需要解决。例如，腹腔镜手术需要用二氧化碳升高腹内压，还不知道受伤的航天员能否耐受得住[12]。地面上的解决办法是保持腹腔开放状态，但对于火星任务医生来说可能不适用。因为即使是最健康的航天员也存在血容量降低、心功能失调等情况，因此，血容量减少的受伤航天员能否耐受腹腔镜带来的生理压力是需要重点关注的[12]。

再回到损伤控制（DC）。DC 手术是仅用最基本的方法实施最关键的步骤。这是一种处理那些超出病人生理功能和即时医疗能力的问题的技术。DC 技术比标准手术容易实施，且仅涉及基本程序，如在出血器官周围放置填充物，使用专门的纤维蛋白胶或组织凝血剂，这很容易操作，无需正式的医学训练。听起来很有前景，尽管 DC 对从低轨道飞行任务撤离的受伤乘员很有作用，但并不适用于火星任务，因为在如此严峻的条件下，处理开

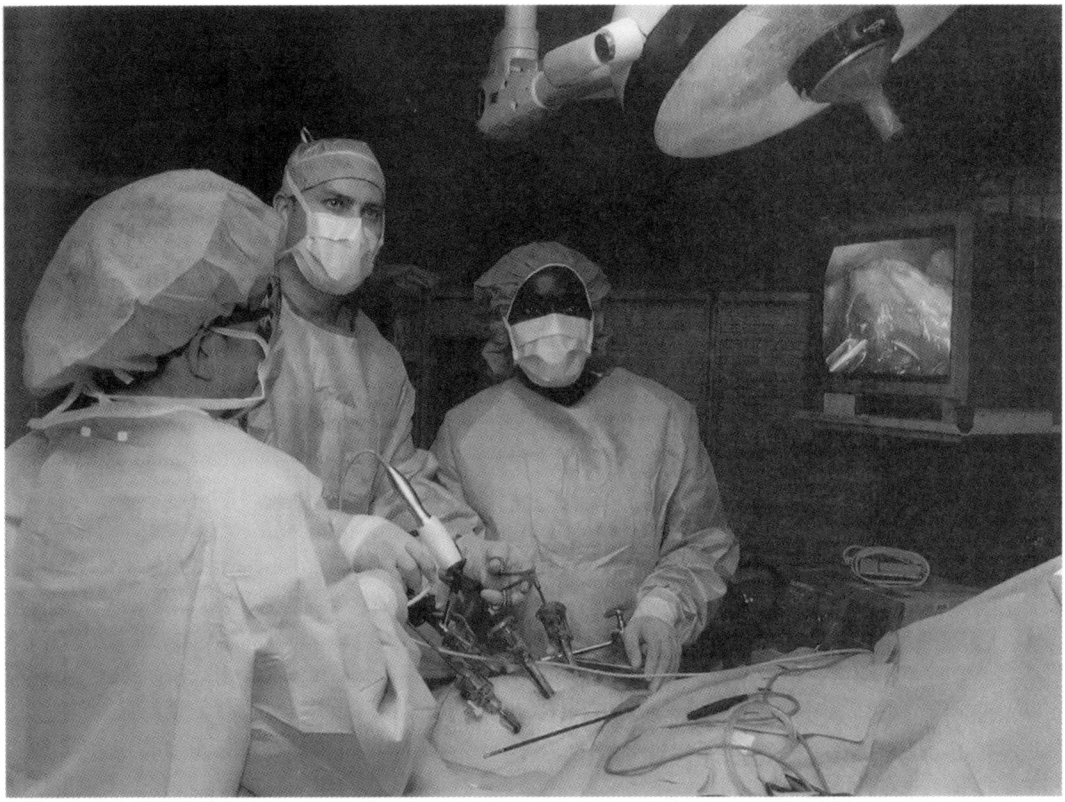

图 4 - 12　腹腔镜手术。想象一下在失重状态下进行这一手术的情景。资料来源：美国空军

放的腹部可能会导致更多的无法解决的医疗及后勤补给问题[12]。那么，我们能做些什么呢？如何拯救离家数百万千米外的受伤航天员呢？也许可以冷冻他们？最近关于假死（SA）的研究表明，这种技术可能是让航天员免于手术的方法。SA 被定义为一种暂时诱导对全身性缺血耐受的治疗，即能量生成（代谢）和能力消耗（细胞活动）大幅降低[12]。在 SA 相关研究中，严重受伤的犬在通过复苏恢复其正常功能前，使用深度低体温和体外循环令其处于无脉状态两小时。这个技术的一个主要障碍是诱导深度低体温，如果能突破这一技术屏障，SA 有望为严重受伤的人员提供一线生机。

但 SA 是碰运气的事。火星旅行后勤补给的现实情况对于救治复杂的损伤是不现实的。如果航天员严重受伤，可能需要考虑应用安乐死。但如何处理太空死亡所带来的现实性、心理性和道德性问题呢？最可行的办法就是将死者抛出舱外，葬于太空。但根据“减少太空垃圾指南”的要求，禁止任何时候将东西抛入太空。为此，瑞典生态学家苏珊·威格·马萨克和彼得·马萨克发明了一种环境友好的替代方法，叫做冰葬（Promession），即将尸体冷冻，打碎成小块，再冷冻这些碎块。冰葬，其过程类似于冷冻安葬，将尸体冻在一个装有液氮的可充气的袋子里，至结晶变脆，振摇使其变成粉末。装有 25 千克白色干粉的袋子可以叠成方形，放在舱外直至返回地球，期间要防止它被烧毁，这样遗体就可以回到遇难者家中了。

参考文献

[1] Cherry－Garrard A. The Worst Journey in the World. Penguin Classics. 2006.

[2] Nansen F. Farthest North. Modem Library. 1999.

[3] Cook F. Through the First Antarctic Night. Polar Publishing Company. 1998.

[4] Wheeler S. Terra Incognita：Travels in Antarctica. Modem Library. 1999.

[5] Bickel L. Mawson's Will：The Greatest Polar Survival Tale Ever Written. Steer forth. 2000.

[6] Roberts D. Alone on the Ice：The Greatest Survival Story in the History of Exploration. W. W. Norton and Company. 2010.

[7] Mawson D. The Home of the Blizzard：A Heroic Tale of Antarctic Exploration and Survival. Skyhorse Publishing. 2013.

[8] Palinkas LA，Suedfeld P. Psychological effects of polar expeditions. The Lancet. Volume 371，No. 9607，p153－163，12 January 2008.

[9] Hadfield C. An Astronaut's Guide to Life on Earth：What Going to Space Taught Me About Ingenuity，Determination，and Being Prepared for Anything. Little，Brown and Company. 2013.

[10] Guly HR. Surgery and anaesthesia during the heroic age of Antarctic exploration（1895—1922）. British Medical Journal. 17 Dec. 2013.

[11] http：//ntrs. nasa. gov/archive/nasa/casi. ntrs. nasa. gov/20060023359. pdf.

[12] Kirkpatrick AW，Ball CG，Campbell M，Williams DR，Parazynski SE，Mattox KL，Broderick TJ. Severe traumatic injury during long duration spaceflight：Light years beyond ATLS. Journal of Trauma Management & Outcomes. 25 March，2009.

第 5 章　抵达与返回

"'很难'意味着需要一些时间，而'不可能'则意味着需要更长的时间。"

——弗里乔夫·南森[1]

图 5-1　（NASA 供图）

5.1　选择登陆点

罗阿尔德·阿蒙森是一位传奇探险家，他是首个航行穿越西北航道（the North-West Passage）的人，也是到达南极极点的第一人。1903 年，他同六名船员乘坐约阿号（见图 5-2）向西北航道驶去。这艘船只有 47 吨重，它顺利穿过巴芬湾、兰开斯特海峡、巴罗海峡，并于 1903 年 8 月 22 日到达比奇岛，在埃里伯斯湾靠岸[2]。自此，约阿号沿着富兰克林的宿命路线驶向威廉国王岛，在该岛东岸的约阿港登陆（该港口是挪威人的避风港）。阿蒙森将约阿港称为世界上最佳小港口，因为它是躲避终年浮冰和暴风雪的避风港[2]。

登陆点在几次极地探险中发挥了重要的作用，阿蒙森选择约阿港，并非是仅有的一次

图 5 - 2　挪威海洋博物馆的约阿号。资料来源：岛民

证明著名探险家选择登陆点会占据优势。几年后，阿蒙森探险南极时，选择了位于罗斯冰架鲸鱼湾的弗拉姆海姆（字面的意思是“弗拉姆号之家”）。1907 年，沙克尔顿曾放弃将鲸鱼湾作为探险基地的备选地址，因为他从冰架上的冰裂情况意识到，这里并不稳固。但是阿蒙森阅读了沙克尔顿的探险报告，发现 70 年前詹姆斯·克拉克·罗斯发现这里以后，海湾的位置和形状几乎没有发生变化。阿蒙森认为，这意味着这里足够安全，并推测小岛屿上的冰架很结实[2]。他只是部分正确，2000 年，这位伟大的挪威人驻扎的冰架最终脱落，漂向大海深处。阿蒙森选择鲸鱼湾的另一个原因，是相比斯科特在麦克默多海峡的位置更具优势。从弗拉姆海姆出发，阿蒙森的行程只有 1 285 千米，比斯科特少 96 千米。其他的，按他们说的，都成为了历史。

在南极探险的英雄时代，到达南极大陆的过程与火星探险的着陆同样危险。精心选择着陆地点，并准确着陆，不仅能确保乘组的安全，也会使返回轨道更加容易。沙克尔顿、斯科特和阿蒙森在 100 多年前发现没有所谓的完美着陆点。火星探险者们能做到的就是选择一个最佳的方案。这意味着，不论是寻找水源还是寻找生命，科研目标必须与乘组和着陆乘员所承受的风险相权衡。极地探险者在寻找登陆地点的同时，还要应对暴风雪、崩塌的冰川、波状雪面和极度的寒冷，而火星探险家将会面对不同的极端环境。在峡谷或火山，要注意岩石（见图 5-3），因为岩石可能会损坏着陆器；在平原要关注强风和沙尘暴，因为这会给着陆带来困难。火星探险家还必须注意着陆地点的温度。例如，火星赤道附近

图 5-3　火星岩石（NASA 供图）

的温度在中午可能是 22 ℃，到了晚上就剧降至零下 100 ℃。除了考虑以上环境因素，着陆地点的选择还要满足勘探和科研的需求。

在怎样选择恰当的着陆点问题上，大多数科学家达成了一致。这个地点要避免来自地表的危害。没有陡峭的斜坡，能提供地质学和地外生物学的多样性，从而有利于精确绘制地图，此外，较为平坦的地表易于航天员的导航和探索。理想情况下，着陆地点不应太冷，能避免受到强风和沙尘暴的袭击，位于赤道附近便于起飞。例如，子午线赤铁矿区是一片相对平坦的表面，古谢夫坑（见图 5－4）看上去曾经是一个湖床，两处中的一处可以作为未来的着陆点。

图 5－4　古谢夫坑（NASA 供图）

5.2　极地登陆点的优势

以上分析非常有道理，但如果选择这颗红色行星的极地作为登陆点呢？毕竟在极地方便获取二氧化碳和固态水，这是生产重返地球所需推进剂的重要原料。如果火星探险队在极地着陆，就不必从地球携带氢来生成推进剂，航天员只需要从融化的冰水中提取氢。假设航天员在极地的夏天着陆，着陆点全天都在太阳的照耀下，这对载人火星探险这样急需充足能源的任务来说，是一个巨大的福音。太阳能不仅可以避免吃力地拖带一个核反应堆，而且是一种极度轻量、高度可靠的能源。这样的任务不需要电池和可再生推进剂，在减重方面，原位资源利用（ISRU）系统可以生产火箭推进剂。水是生产火箭推进剂最重要的原料，而火星北极恰好被大量冰覆盖（见图 5－5）。这些原料容易获得，而且不需要在冻土层上打孔。

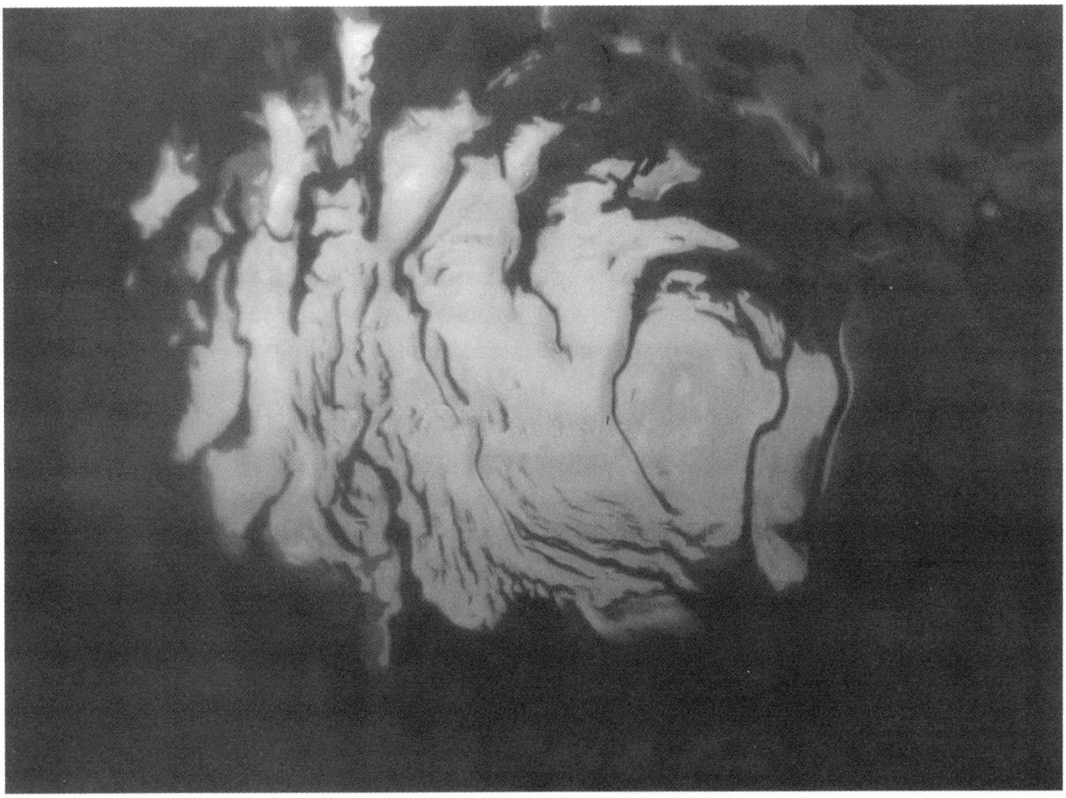

图5-5 火星极帽（NASA供图）

但是如何应对寒冷？在火星的赤道附近温度会更适宜，大约在20℃左右。有时候在极地会很冷，即使在夏天，极地的温度也会达到零下125℃，非常接近二氧化碳的凝固点。尽管气温很低，但也有一些好处。首先，由于没有日夜循环，气温相对恒定，这使得设备更加稳定、耐用。生命保障系统工程师都知道，加热比制冷更容易，这是因为低温不会像高温那样，给部件带来压力。其次，低温有利于火箭推进剂的贮存，这意味着飞船质量将减小，因为不必为低温推进剂的贮存增加保温层。最后，在低纬度着陆点，电子和生命保障系统需要相当大的散热器来散发多余的热量，而在极地着陆就不需要考虑这一点。

极地不仅有低温优势，还有利于火星探险队返回地球。假设任务安排一个返回飞船在火星轨道上绕飞，在低纬度地点着陆的一个缺点就是：飞船每天只能在着陆点上空飞过两次。这种情况不太理想，火星与地球之间的通信可能要经过中继卫星，所以这意味着每天与地球只能联系两次。而在极地着陆就可以保持与地球之间的频繁联系。极地着陆点还为科学考察提供了丰富的内容，因为人类对火星的这片区域知之甚少。例如，我们不清楚冰帽的厚度，大约在4～6千米之间。这带来了气象学问题：地球和火星的天气有什么区别？在地球上，通过研究南极抽取的冰核，可以得到气候变化的记录，在火星可以做同样的研究。因此，如果科学家想了解在几十万年的时间里火星气候的变化，应该在极地开展研究。

环绕火星两极的一片区域称为极地分层地形，这是一种独特的地形，在北极大约有50万平方千米，在南极面积超过100万平方千米。但是，这种地形属于哪种类型，是何时形成的？这些还不为人知，因此，如果要在火星上寻找与地球不同的地形地貌，我们必须去极地。在寻找生命的问题上也是同样的道理，寻找生命最基本的任务就是检测有机分子。因为火星环境恶劣，有机物不能长时间存留。但是在极地，温度低至零下125 ℃，有机分子有可能能够保存下来。在这种极低的温度下，DNA的降解效应降到很低，使得DNA和蛋白质分子可以保存长达40亿年，而这与火星变暖的时间长度几乎相当。

5.3 极地登陆点任务设计

极地探险者经常面临的一个问题是，探险任务必须在夏季持续的阳光下进行。火星极地登陆的不利之处在于，我们的航天员只能在极地的夏季登陆火星，这限制了任务执行的次数。那么，我们的火星极地探险者有多少时间呢？在北极，春季和夏季加起来是383个地球日，南极则是305个地球日。南半球的春季和夏季较短的原因是近日点发生在南半球夏季。我们假定将一个极地作为着陆点，那这383天的时间将如何受到轨道力学的影响呢？383天的停留时间比440天（最低能量）交联级任务选项短57天。然而，由于地球和火星的轨道碰巧是椭圆形的、非共面的，两者周期就会变得各不相同。另外，周期还取决于轨道的类型，因为Ⅱ型轨道比Ⅰ型轨道耗时更长，停留的时间也更短。对于那些不熟悉星际轨道的人来说，可以这样简单描述：绕着太阳运行小于180°的航天器轨迹叫做Ⅰ型轨道，绕着太阳运行大于或等于180°的叫做Ⅱ型轨道。但这也并不是什么不能解决的大事，因为航天员可以在轨道上多花一些时间，直到太阳升起或者地球入轨返回窗口开启。

5.4 极地登陆点的劣势

极地登陆点的一个关键缺点是，必须限制时间以适应极地的夏季。这个缺点减少了任务执行的机会，限制了任务的停留时间。这也意味着航天员必须花时间在轨道上等待着陆窗口。另一个缺点是地质问题，行星地质学家不太喜欢研究冰，因为岩石才是他们的强项。再次是寒冷，虽然可以带来前述的种种好处，但也不利于很多设备的运行。另一个要考虑的因素是两极的高太阳角，因为太阳光穿过大气层的路径长度是大气层厚度的许多倍，这反过来意味着，在极地地区，太阳光线经过路径中的尘埃量要比在赤道地区高得多[3]。这可能会减少太阳电池阵列接收的光照量。

5.5 探险船的设计

对极地探险来说，最大挑战之一就是抵达与返回，因此探险船的设计必须能够承受冰雪带来的压力。为此探险船必须进行防冰设计，包括加固船内的十字横梁、双倍加厚船外壳、用金属材料包覆龙骨等。这些额外措施确保了探险船可以在冰层行驶，减小了船被冰卡住而沉没的几率。“卡住”听起来并不严重，但这里是指，冰非常猛烈地推撞探险船。通常在这种情况下，严重后果会接踵而至，就像警示故事里讲的那样。

5.5.1　卡勒克号

在第 3 章中，我们提到了卡勒克号探险船（“卡勒克”在阿留申语中是“鱼”的意思）。在 1913 年的夏天，由加拿大政府资助的北极考察旗舰——卡勒克号，离开加拿大驶往北极西部。船上有 13 名船员、10 名科学家、四名因纽特猎人、一名女裁缝和她的两个孩子，以及一名乘客[4]。11 人未能返航，很多人直到第二年才有消息传回。1913 年年初，鲍勃·巴特利特接到了来自维尔加穆尔·斯蒂芬森的请求，希望他能够成为卡勒克号的船长，将科学家们运到北部的赫歇尔岛上。此举是为了建立一个基地，用于探测这片地域内的矿产资源和动植物。巴特利特犹豫着接下了这个工作，但是对卡勒克号在北极行驶的能力表示担忧。理想情况下，进行这类探险活动的船应该是崭新的铁壳破冰船，而政府提供的却是一艘老旧的、动力不足的三桅帆船。工人们用横梁对其加固，巴特利特接下了这个任务，条件是他不必在北极过冬。1913 年 6 月 17 日，卡勒克号驶离了不列颠哥伦比亚省，但是仅仅过了两个月，就遇到了严重的海上浮冰。又过了两个月，浮冰聚集起来，将其困在距离阿拉斯加西北部 380 千米的海面上。无法到达赫歇尔岛，倒霉的帆船跟着冰块随波逐流了一个月后，冰块停住了。斯蒂芬森和五个人立刻下船，带着 14 条狗和两个雪橇，计划进行 10 天的探险，去猎杀北美驯鹿。但他们出发两天后，强风来袭，使卡勒克号向西驶去，这意味着斯蒂芬森和他的团队找不到探险船，只能继续向南行进，直到阿拉斯加。那卡勒克号怎么样了呢？它漂流了几个月，1914 年 1 月 10 日，浮冰在它的一侧撞出一个大洞，迫使巴特利特带领船员们带上所有补给弃船而去。

巴特利特决定在被他命名为“沉船营地”的地方驻扎下来，打算等一个月后极夜结束，和其他探险成员一起向南行进，直到弗兰格尔岛。可是有四名船员对他的计划并不满意，决定单独行动。在一月底的时候，他们带着七周的补给，乘坐几条狗拉的雪橇离开了营地，这是人们最后一次看到他们。与此同时，巴特利特将剩下的人员分成小组，分批穿过冰面，在通往弗兰格尔岛的方向形成补给链。在补给链建成并且极夜结束之时，巴特利特带领着剩下的队员离开营地，前往弗兰格尔岛。他们在冰上行进了 160 千米，直到三月 12 日才到达目的地。但是对他们的考验还远远没有结束，抵达后的第六天，巴特利特和他的探险伙伴——因纽特猎人卡塔托维克，动身前往白令海峡寻求帮助。他们要驾着雪橇跋涉 1 200 千米。这对勇敢的搭档在四月底之前抵达了白令海峡的东角，在这里，巴特利特找到一条船，可以将他送到最近的无线电站。接下来的一个月，巴特利特乘坐赫尔曼号，于 5 月 28 日抵达阿拉斯加的圣迈克尔岛。他拨通了渥太华政府官员的电话，告知他们在弗兰格尔岛沉船的情况。最终，1914 年 9 月 7 日，在船沉没了近八个月之后，加拿大的两艘纵帆船——国王号和温格号，才将幸存者们从弗兰格尔岛上救了回来。

5.5.2 珍妮特号

1879 年 7 月 8 日，33 名海军军官、士兵和平民组成的探险队，乘坐珍妮特号（见图 5－6）开始了一次史诗般的冒险，挑战人类耐力极限。然而，这次探险最终是一个悲剧。珍妮特号由中尉船长乔治·华盛顿·德隆指挥，从旧金山出发，计划通过远离北极冰层的水路到达北极点。1879 年 9 月 6 日，珍妮特号在弗兰格尔岛的东面不出所料地被冰层困住了[5]。珍妮特号从 1879 年到 1881 年上半年一直被冰层牢牢封住，船体开始漏水，尽管外表看起来仍是船的形状。直到 1881 年 6 月，冰迫近珍妮特号，并将船体挤碎。船员将三艘小船和补给品搬运下来，开始了一场艰难之旅，在粗粝的冰面上拖拉小船，直到开放的海域[5]。九月初，他们到达科特洛尼和西莫诺斯基岛，随即又出航了，最终导致了灾难的降临——三艘小船在暴风雨中失散。其中一艘再也没找到，另外两艘分别在不同的地方登陆。其中一艘的人被当地居民救了，另一艘船上的人穿过荒凉地域向南跋涉，最后失去了消息[5]。

图 5－6　珍妮特号（公共版权）

5.5.3 坚忍号

坚忍号可能是史上最有名的探险船之一，这艘三桅帆船由挪威的桑德尔福德造船厂建造，由造船大师奥勒·安德鲁德·拉森精心打造，由欧内斯特·沙克尔顿驾驶，于 1914 年开始了皇家穿越南极探险之旅。拉森是一个众所周知的完美主义者，他雇佣的每个人，不但是经验丰富的船员，而且还是技艺精湛的造船工匠。多亏了拉森，沙克尔顿的探险船的每个细节都精心设计，以确保船体坚固、耐用，黑色的船体使它看起来比同等大小的船更加结实。坚忍号是为极地探险定做的，相当于那个年代的航天飞机。它的双侧船舷大约为 46～76 厘米厚，龙骨是用坚硬的橡木打造的[7]。坚忍号主要使用橡木和挪威冷杉木厚板建造，外层包覆绿心奥寇梯木——一种极其坚固的木材。坚忍号于 1912 年 12 月 17 日下水，是当时最坚固的木船——可能弗里乔夫·南森的弗拉姆号排外。但是，尽管如此，南极的冰还是挤碎了它：

“压力再次袭来，在下午五点的时候，我命令所有船员转移到冰面上去。巨大冰块转动并挤压着船体。非常恐怖，我感觉到脚下的甲板碎裂，横梁弯曲，最终随着一声巨响而断裂。在离开之前，我从引擎室的天窗向下看去，只见引擎随着支撑条和底座板脱落而向两侧坠落。我环顾四周，看到船只被无情的摧毁，那种感受无以言表。巨大的浮冰，后面被数百万吨移动的冰块推动着，轻而易举地摧毁了这艘探险船。”

——沙克尔顿，1915 年 10 月 27 日[7]

5.6　进入、下降和着陆

和极地探险一样，火星任务最大的挑战就是如何抵达以及如何离开，一艘坚固的飞船是必不可少的。与坚忍号的坚固不同，飞船要足够强健，可以完成进入、下降和着陆（EDL）这一系列活动。抵达时，飞船的速度和火星稀薄的大气，为飞船下降带来了空气动力学方面的挑战，目前只用机器人航天器在火星上降落过。抵达火星后，飞船以高达每秒 7 千米的速度运行，如果着陆器想要完好地在火星表面着陆而不是摔成碎片，需要消除自身的动能而且是全部消除。幸运的是，火星的大气层可以让飞船用防热罩和降落伞来消除动能，但只能消除绝大部分的动能，无法全部消除。不幸的是，虽然火星的大气层厚实到足够小型的无人着陆器安全着陆，但并不能确保载人着陆器能够安全着陆。第一代火星着陆器使用支架来触地，第二代使用气囊（见图 5－7）来消除最后剩余的每秒几米的速度。这些系统对于小型无人着陆器适用，但是无法应用于 30 吨重的载人着陆器。哪怕是无人任务，统计数字也是血淋淋的：有一半的任务会以失败告终。任务策划者和工程师们用“恐怖 6 分钟”来形容在火星上降落飞船是多么的困难。对载人任务来说，困难将成倍地增加，因为载荷是无人飞船的几倍，没有人知道该怎么做。

许多人认为人类登陆火星就像在花园散步那么简单，因为我们已经在月球上登陆了。这能比登陆月球难多少呢？事实上，没有人知道。不过简单来说，用现有技术将 30 吨重的飞船降落在火星上几乎是不可能的。完全不可能！我们不能像 NASA 的载人飞船登陆月球那样利用推进技术，因为火星的大气比月球要稠密，而我们也不能像在地球上着陆那样做，因为火星大气比起地球的要少很多。当然，还可以用气囊、降落伞、推力器和升力体，但是，无论是单用一种还是多种结合使用，这些都没有用。工程师需要找到新的着陆方法。

使用现有技术，30 吨的飞船进入火星大气层，需要在大约 90 秒内将速度（马赫数）

图 5-7　NASA 的工程师和技术人员准备在兰利研究中心的龙门架上吊起 ILC 多佛猎户座飞船试验件，进行摇摆跌落试验。资料来源：NASA/肖恩·史密斯（NASA 供图）

从 5 降到不足 1，调整到着陆模式，打开降落伞减速，并使用推力器飞到着陆点，并最终着陆。这被称为“超声速过渡难题”（STP）。气囊不适用是因为，在这种着陆模式下会使有效载荷——人承受高达 20g 的过载。降落伞也没有太大的用处，因为火星大气最大浓度仅仅相当于地球上距离地面 35 千米的大气浓度。想要明显地将火星载人着陆器的速度降低至可生存的速度，需要使用直径 100 米的降落伞。那么推力器呢？使用推力器的问题在于，推力器需要推进剂，而每千克的在轨载荷在火星着陆时，需要的推进剂是在月球着陆的两倍。这意味着需要携带大量的推进剂——也许推进剂会达到载荷质量的 6 倍。

也许可以尝试同时使用推力器、隔热罩和降落伞？即使这样，风险仍然很大。假设使用隔热罩和（或）降落伞将飞船减速至 1（马赫数）以下，在降落的最后阶段，着陆器需要使用推力器逐渐调整弹道，以便达到着陆点。这需要在距离火星表面 1 千米处打开推力器。记住，此时飞船的降落伞已经被丢弃了。随着飞船降落，指令长发现着陆器偏离轨道 5 千米，这意味着飞船需要尝试转向飞到着陆点。着陆器能有足够的推进剂应对这类不确定的情况吗？可能没有。就像我说过的，哪怕是多层次 EDL 系统也具有风险。

超声速制动装置可能是什么样子呢？超声速制动装置（见图 5-8）看起来像是一个巨大的甜甜圈，用一个保护层将飞船包裹起来，并且快速充气变成一个圆锥形。这个系统，称为超圆锥，在距离地面 10 千米的时候充气，此时飞船正高速运行，速度大约为 5（马赫数）。超圆锥直径大约为 30 米，利用空气动力学将飞船速度降低至 1（马赫数），之后使用亚声速降落伞和推力器。这种方法的问题是，如此大型并且有弹性的充气结构非常难以控制。并且，降落伞充气也需要一些时间，这样，降落伞仅使用了几秒钟就要换成推力系统。那么为什么不舍弃降落伞，用超声速反推系统代替呢？超声速反推系统是科幻小说里常见的着陆技术，原理非常简单。在地球上发射时，引擎可以使飞船加速上升，同样到达目的地后，引擎可用来减速。为了使飞船减速，火箭推力器在再入之前需要掉头，或者在着陆的时候使用前向火箭。这个系统的挑战在于，在超声速飞行状态下火箭发动机的工作是不同的，然后才是一路拖带那么多推进剂的问题。

图 5-8　可充气再入验证技术（NASA 供图）

参考文献

[1] Pratt D. The Impossible Takes Longer：The 1 000 Wisest Things Ever Said by Nobel Prize Laureates. Walker and Company. 2007.

[2] Bown S. The Last Viking：The Life of Roald Amundsen. Da Capo Press. 2013.

[3] http：//www. geoffreylandis. com/pole. html.

[4] McKinlay W. The Last Voyage of the Karluk：A Survivor's Memoir of Arctic Disaster. St. Martin's Griffin. 1999.

[5] Sides H. In the Kingdom of Ice；The Grand and Terrible Polar Voyage of the USS Jeannette. Doubleday. 2014.

[6] Lansing A. Endurance. Basic Books. 1999.

[7] Shackleton EH. South：The Endurance Expedition. Signet. 1999.

第6章 生 存

“世界上最孤寂凄凉的莫过于极夜，感觉就像回到了冰河时代，没有温暖，没有生命，没有活动。只有那些经历过极夜的人才能体会日复一日、月复一月的没有阳光的日子意味着什么。很少有不习惯极夜的人能完全消除它的影响，有些人则被极夜逼疯了。”

——欧内斯特·沙克尔顿[1]

图6-1 斯科特团队发现阿蒙森已经在一个月前到达了极点（公共版权）

6.1 企鹅、浓汤和肉靡饼

极地探险者和执行长期飞行任务的航天员都需要面对两个生存问题——食物和天气。只有在南极大陆，食物是用来吃的，而不是用来谈论的。南极洲寸草不生，没有田野和河流，荒凉的陆地面积比中国与印度的面积之和还要大，这里和地球上其他地方都大不一样。如果非要寻找一个类似的地方，那么，只有太空了。自从人们开始探索极地和太空，食物就是一个大问题。阿蒙森和斯科特都面临一个难题，只能靠坚定的意志和初生牛犊不怕虎的大无畏来克服。在极地探险时，探险者面临最大的危险就是缺乏维生素C而导致的坏血病，同样在火星探险中，航天员面临的最大危险是维生素D的缺乏。詹姆斯·克拉克·罗斯的探险队（1839—1843年）的物资储备清单，为探险船只的物资储备提供了一个很好的例子，其中包括了 2 618 品脱蔬菜汤，2 398 磅泡菜，10 782 磅胡萝卜和一小群绵羊[2]。另一个喜好优质食物的探险家是奥古斯塔斯·格里利（见第 2 章），他努力确保船员有丰富的食物种类可以选择。在格里利的探险途中，每个月都要更换厨师，避免船员对食物生厌[3]。这使得菜单非常丰富，例如，某一天的晚餐菜单是豌豆浓汤、烤麝香牛肉、烤通心粉、米饭布丁和新鲜的桃子，第二天的菜单就换成了蔬菜汤、焗猪肉大豆、玉米面包和烩桃子。除此以外，许多爱好新鲜食物的探险家们想出一个办法，把活着的牲畜带上船，这在极地探险中是很常见的。有些指令长，例如贝林豪森探险队的西蒙诺夫海军上尉（1819—1820 年），甚至在船上尝试养企鹅（见图 6－2）。

图 6－2　企鹅——两只帝企鹅和一只巴布亚企鹅——在南乔治亚岛的海滩上散步。
资料来源：利亚姆·奎恩

“我们捕获了 30 只企鹅，我下令把几只送到厨房，剩下的养在船上，主要喂它们猪肉……不过看起来这不适合它们，大约三周以后它们陆续地生病死掉了。船员们把企鹅皮剥了下来做成帽子，用它们的脂肪给皮靴上油。企鹅肉做菜很好吃，尤其是在醋里泡上几天后更美味。”

——撒迪厄斯·范·贝林豪森[4]

除了罗斯、格里利和范·贝林豪森，还有很多探险家坚持为船员们提供丰富的食物。斯科特的探险队在埃文斯角驻扎期间，食物多样，生活舒适。很多天都可以吃到新鲜面包，而且有源源不断的海豹肉，用咖喱烧或者用油炸后食用。为了庆祝，饭菜通常相当精美，还有盐焗杏仁、海龟汤、企鹅胸肉烩红醋栗冻、水晶姜，还有香槟。

尽管浓汤和泡菜非常适合探险家在船上食用，但是在野外工作或者从基地驾雪橇出行时吃饭就成了问题。一旦探险者们乘坐雪橇出发，炖企鹅肉和海龟汤就成了回忆，只能降低食物标准。沙克尔顿和他的同伴们吃任何携带的食物，包括马驹和雪橇犬。吃驮畜看起来很残忍，但是有正当充足的理由：随着食物和燃料的不断消耗，雪橇变得越来越轻，需要拉雪橇的狗也越来越少。在探险家中，阿蒙森就是这样做的，在一次探险中杀了24条健康的狗。在不吃哈士奇和马驹的时候，探险者们食用浓汤。浓汤也称为饥肠辘辘的探险者们的炖肉，用肉靡饼（pemmican）和水一起煮，再加入压碎的饼干，使其变得更加浓稠一些。有时候，为了保证多样性，探险者们往汤里加海藻以及南极动物的脑子、肝脏和肾脏来提高其营养价值，但肉靡饼才是浓汤最重要的原料（见图6-3）。最早的保存肉的方法是用脂肪将它包裹住，需要将脂肪融化并同瘦肉混合[5]在一起。这种混合物包含了50%的脂肪，包裹的脂肪有效地将肉与氧气隔绝，延长了保存期限[5]。肉靡饼不仅能够长时间常温保存，而且比其他食物的营养密度高，因此是探险者的理想食物。在北美亚北极圈附近生活的人，祖祖辈辈以此为食，直到19世纪末，才在极地探险者之间流传开来。还有一种为犬类食用的肉靡饼，包含鱼肉以及更多的脂肪[5]。

无论配料多么糟糕，但浓汤一直很有吸引力，其受欢迎的主要原因之一是，大多时候其他的选择可能更糟。没有浓汤或者肉靡饼的饮食必定会引起坏血病，就像贝尔基卡号探险队一样，队员饱受这种疾病的摧残（两名水手精神失常，其他人患有牙龈出血、四肢变黑、伤口难愈以及其他不良症状，甚至船上的猫都死掉了）：

“肉靡饼对极地探险来说是至关重要的，绝对是必备物品。如果没有肉靡饼，雪橇探险队就不能在将供给压缩到重量限制内的情况下成功完成任务。有了肉靡饼，最艰难的雪橇之旅才能在没有其他食物的情况下进行并取得成功。在所有可选食物中，只有肉靡饼在适当情况下可以一天吃两顿，甚至连续吃上365天也吃不腻。”

——海军少将罗伯特·埃德温·皮尔里①[6]

① 皮尔里，在漫长的极地探险路程中几乎全部依靠肉靡饼生存下来，是极地探险史上伟大的探险家之一。

图 6－3 肉糜饼。资料来源：珍·安

6.2 生存配给

极地探险在正常条件和生存条件下，吃的食物到底有什么不同，可以从奥托·诺登舍尔德的日记中了解到。1901 年 10 月 16 日，他带领瑞典南极探险队（1901—1904 年）乘坐南极号从哥德堡出发，两个月后抵达了布宜诺斯艾利斯，六天后向南纬线进发，于 1902 年 1 月 11 日抵达南设得兰群岛。1902 年 2 月 9 日，诺登舍尔德选择位于西摩岛西南方向的雪山岛，和其他五人一同登陆。卸下装备、配给和雪橇犬后，南极号驶向福克兰群岛。第二年的夏天，这艘船将向南返回，以取回这支探险队。但是就像极地探险经常发生的那样，计划没有变化快。

第一个冬天，诺登舍尔德探险队的食物很充足。每天上午九点半吃早餐，包括果肉、鱼肉、土豆、粥和浓咖啡[7]。下午两点半吃午餐，包括醋泡羊舌、烟熏羊肉、罐装豌豆、玉米和汤。到了下午五点，大家聚在一起享受咖啡时间，如果厨师阿克伦德愿意烘焙点心，大家还可以吃上蛋糕和曲奇[7]。最后一顿饭叫做“凯维尔”，在晚上九点吃，这是一道大菜，饭后通常有一杯茶或热可可，之后一天的工作就结束了[7]。

随着这一年接近尾声，冰仍旧没有融化的迹象。不出所料，这个情况让船员们不安，并且开始担心他们的船的下落。十二月过去了，一月过去了，到了二月份，不安每周都在加剧。人们开始争论是否要开始吃狗肉。1903年2月18日，一场暴风雪袭击了营地，气温骤降。第二天，海面都结了冰，救援的希望变得极其渺茫。遭受打击后，人们开始准备在这个苦寒之地再度过一个严冬。更糟糕的是，他们已经没有肉糜饼了，这意味着他们必须开始吃狗肉。事实上他们所有的东西都要用尽了。缩减食物后，早餐没有鱼肉，迫使队员去猎杀海豹和企鹅。第二年冬天②，队员们一点都不愿离开住处去寻找食物，因为外面实在是太冷了！队员们都躺在自己的床上，轮到谁值班才会出去。当饥饿最终无法忍受时，他们就用血和面粉混在一起，放进海豹油脂里面炸一下。味道真不错！

6.3 火星餐厅

前往火星的探险者们不会吃肉糜饼、喝浓汤，但是他们与罗斯和斯科特的团队一样，都无法烹饪。我们很熟悉传统航天员食谱，包括液态膳食和冻干食物（见图6-4）。但是当航天员前往火星时，货船无法到达，可能有必要制造更加健康的太空食品，寻找在零重力条件下种植食材的方法。这正是NASA高级食品技术（AFT）项目的研究内容（见补充报道），计划为乘组提供全素食物，包括新鲜水果、蔬菜，甚至活的植物。如果你看过科幻电影《阳光》，会记得飞船上有巨大的水培设施，提供了足够乘组食用的食物。水培模块的大小可能不同于好莱坞电影里展示的那样，但原理是一样的。为什么只有素食？因为将肉和奶制品保存到火星之旅那么长时间有点困难。尽管我认为他们可以带些肉糜饼！此外，种植水果和蔬菜比存储牲畜要简单得多。

NASA高级食品技术（AFT）项目

高级食品技术（AFT）项目是为执行长期任务的航天员设计的食物系统，为乘组提供安全、营养和可接受的食品，同时平衡考虑类似火星探索任务中飞船工作、废弃物和食物准备时间等因素[8]。这需要包装食品保质期达到5年以上——与极地探险食品的保质期相当。AFT团队为确定最适合带往火星的预包装食品，开展了一系列研究。他们对比生物再生食品和预包装食品，并引入更多食品种类，包括本土的或进口的蔬菜、主食和预包装副食。AFT团队还建立了10天的食谱周期，保证每个周期所包含的卡路里和营养都差不多，并计算了每个周期的食物度量值[8]。AFT面临的挑战有些和极地探险者遇到的类似。例如，极地探险面临的一个问题是维生素C缺乏会导致败血症；而预包装食物存在的一个问题就是食物在加热过程中会导致维生素降解，进而导致食品营养价值下降。

---

② 南极号于1902年11月5日离开福克兰群岛，去接诺登舍尔德的队伍，但是由于结冰挡住了航道，最终没有到达。1903年2月12日，南极号在离保莱特岛40千米的地方沉没，船员们离开失事的船只，在冰面上开始了艰难的行进，14天后，1903年2月28日，他们在保莱特岛上岸。与此同时，诺登舍尔德和他的船员们试图前往西德尼·赫伯特海峡，在那里他们发现了向南流淌的河流。他们推测南极号已经毫无困难地到达了位于雪山岛的过冬地。因此，他们回到了希望湾的据点，在那里等待南极号来接他们。但是，几周过去了，他们突然意识到事情出了问题。这些人于9月29日离开据点去寻找其他人，于10月9日到达维加岛，10月12日到达德雷富斯角。南极号的被困人员在保莱特岛的一间简陋的棚屋里幸存下来，他们靠捕杀海豹和企鹅（他们捕杀了1 100只）为食。10月，卡尔·拉森带着5名船员离开，前往希望湾，期望能联系上搜救船。最终船员们被乌拉圭的巡洋舰救回。

图 6 - 4　国际空间站上的晚餐。没有见到肉靡饼（NASA 供图）

目前，已经开展了对火星探险食品的测试。2014 年，六名志愿者在夏威夷的比格岛上海拔 2 500 米的火山山坡，用四个月的时间对火星任务进行了模拟。夏威夷空间探索模拟与仿真（HI - SEAS）的主要目的是评估食品是否适用于火星航天员。

来自夏威夷大学和康奈尔大学的研究人员组织了这次活动，HI - SEAS 小组尝试找出为火星航天员提供食物的理想途径。营养计算非常重要，因为极地探险家们发现，如果对食谱产生厌倦会给长期探险过程带来痛苦。这正是 HI - SEAS 研究的闪光点，因为他们决定追溯 19 世纪的极地探险家们采用了哪些方法为队员们提供食物。罗斯和斯科特以及他们的队员在厨房发挥创造力，使得船员们在心理上受益匪浅。总而言之，多样性和新奇性是关键，因为食物单一将导致队员摄入的卡路里越来越少，在低重力条件下会造成麻烦，因为低重力条件本身会导致航天员骨丢失和肌肉萎缩。对斯科特和队员们来说，新奇性和多样性产生了类似海龟汤、企鹅胸肉烩红醋栗冻等美味佳肴。这些菜非常新奇！在为期四个月的 HI - SEAS 食品任务中，六名队员详细记录了摄入食物日志，并为食用的每一种食物填写了色、香、味的问卷。队员们还对食物进行称重，监测饮水量，对烹饪和清洁所需的时间进行计时，监测嗅觉情况以便确定食物单一是否产生了心理学影响。

6.3.1　在火星上就餐

在极地探险过程中，不管怎么说，厨师都是一名增加其他人生活乐趣的关键队员，这项工作使他成为探险队至关重要的一员。厨房里只有普里默斯便携式煤油炉等简单设备，食品原料不是罐装的，就是搜集来的，在这种情况下，厨师的厨艺可以成就或破坏一次探险之旅。就拿最受欢迎的厨师罗索为例，1903 年，他加入了让·巴普蒂斯特·沙尔科的法国南极探险队。尽管他是一个古怪的人，毫无亲和力，并且从来不穿袜子，但他可比盐还有价值。他制作的美味牛角面包和法式甜点大受欢迎。也许这就是这支法国探险队一直未能深入南极大陆的原因！

1911 年，第一个到达南极点的挪威探险队也有一个好厨师，名叫阿道夫·林德斯特罗姆。在罗斯冰架下建造的临时小房子里，他制作出了美味的焖海豹肉和成堆的涂着云莓的荞麦薄饼。“他是踏入南极圈的最棒的人”，阿蒙森满怀感激地写道，“他为挪威极地探险提供了比其他任何人都更有价值的服务。”

从某些方面说，火星探险者在食物准备方面比极地探险者更受限制。毕竟，他们可用的只有经过辐射消毒、冻干和热稳定处理的食材，这也是火星探险者不进行烹饪的原因。他们用加热或复水的方式代替烹饪，因为飞船上没有厨房，只有一个小桌子，上面有一些尼龙粘扣和弹力束带用来固定食物容器、勺子和纸巾，防止它们飘走。在桌子旁边可能有一个供水器，一个水龙头提供温水，另一个提供热水。飞船上没有冷水。飞船空间十分宝贵，因此，通常没有制冷水的装置，也没有冰箱。餐具通常只有勺子，没有刀叉，因为所有的食物都含有水分，可以自然吸附在勺子或者叉勺上。饮料同食物一样，在脱水后包装成袋。根据任务预定的载重量，航天员有可能会携带一些“奢侈品”，例如鱼肉、鸡蛋和奶酪等罐装食品。如果其中某位航天员曾经是军人，会对此非常适应，因为这与军队使用的即食食品（MRE）非常相似——航天员仅需对食物加热后即可食用。所以乘组绝对不会做的事情就是烹饪，他们最多将不同食物组合在一起，或是给食物加点调味品。

6.4 天气

“很早以前我的双手就冻伤了，在极度寒冷的条件下，冻伤当然是很常见的。满手密密麻麻都是水疱，水疱挤在一起，中间只隔着一层皮肤。水疱中的液体冻成了冰，操作起烹饪设备和食物袋都很麻烦，要点燃普里默斯便携式煤油炉更是困难。因此，有一天，我在晚饭后刺破了六七个水疱，让里面的液体流出来，感觉轻松了好多。从那以后，每天晚上我都如法炮制，直到所有水疱都消失了。在这个过程中，有时候很难忍住不喊叫。”

——《世界上最糟糕的旅程》作者：阿普斯利·谢里·加勒德[9]

《世界上最糟糕的旅程》可能是关于极地探险最棒的一本书。阿普斯利·谢里·加勒德引人入胜地记录了斯科特不幸的南极探险之旅，同时也展示了这是一次不同寻常的探险经历。在极地的深冬生存了 6 周时间，气温下降到零下 40～56 ℃，谢里·加勒德和其他两名队员拉着雪橇，上面载着探险装备，从罗斯冰架到克罗泽角去收集帝企鹅的蛋。这本书的名字起得非常恰当，因为这次探险经历了完全超出想象的、令人崩溃的严寒。有时候，气温持续低于零下 50 ℃，并且到了夜晚会降到零下 55 ℃以下[9]。夜晚，汗水和呼出的空气使帐篷里的空气湿度饱和，这个无畏三人组的衣服和装备都被冻得像铁一样硬。每天傍晚，三人都要用 4 个小时搭帐篷、做晚饭并钻进冻硬了的睡袋中。每天早上，又要用 4 个小时生火、准备早餐、穿上冰冷坚硬的靴子、套上雪橇挽具。在刺骨的严寒中冻伤是常事儿，他们的手上布满了水疱。当这个小队到达克罗泽湾时遇到了最糟的天气。这一天，他们来到一个帝企鹅的栖息地捡了一些企鹅蛋（不可思议的是，有三个企鹅蛋回到了英国），并绘制了驻地的图纸，这时突然狂风大作，风速超过了 125 千米每小时。帐篷被大风拔起，最后消失在暴风雪中[9]。谢里·加勒德③和他的队友们完全暴露在寒风彻骨的黑风暴中，风暴几乎达到了飓风的强度。在火星也很可能碰到类似情况。

6.5 极地生存为航天员在火星生存带来的启示

谢里·加勒德和同伴们曾经面临的恶劣生存环境，可能与火星表面情况极为相似。尽管火星和南极洲地表重力和大气压力相差较大，但火星表面温度在零下 55 ℃左右，基本等于谢里·加勒德面临的日常气温。事实上，东南极洲曾经出现过最低气温纪录：2010 年 8 月，气温降到了零下 93.2 ℃（之前的最低温度是零下 89.2 ℃）。

6.5.1 火星：到处都是风暴的地方

尽管航天员知道如何应对寒冷天气，但如何应对沙尘暴是个难题。因为火星上沙尘暴肆虐，与迈克尔·贝的电影里面的场景一样。也许最大的危险来自几千米高的沙尘聚集而成的龙卷风。几周时间内能见度几乎为零，除此之外，旋风中的灰尘还会产生强放电，足以摧毁电器设备。带电的灰尘会增加航天员寻找路径的难度，因为灰尘会吸附在面罩表面，模糊他们的视线。就像登月航天员在月球上体会到的那样，尘土微粒（见图 6 - 5）细小到可以进入所有物体，包括面罩、键盘等任何地方。

幸运的是，火星表面气压很低，不到地球表面大气压力的 0.5%，所以即便是火星暴风的风力也不足以将航天员吹离地面。但是尘电仍是一个问题，尤其当它大到可以产生火星闪电时对人类是非常危险的（在地球上，尘暴可以产生每米 10 万伏特的电荷）。就算航天员能够在火星闪电中幸存下来，还要面对尘土覆盖设备带来的风险（就像静电喷漆一样），它可以使航天服中电子元器件短路，甚至损毁飞船，使航天员无法返回家园[10]。除此以外，吸入这些细小微粒可能对健康产生目前尚不清楚的潜在影响。航天员四处行走，身上会聚积尘粒，因为他们会是一个行走的电场，这就是摩擦起电效应。这与在地毯上走路时，如果环境非常干燥而无法吸收静电就会产生电流是一样的。在走路的过程中，电子从地毯上转移到身体上，当你抓住门把手时，这些电子会产生电弧。如果在火星上发生同样的情况，一闪而过的电流会对航天服造成无法逆转的损害，除非做好充分的保护措施。

---

③ 非常漆黑的 36 小时，谢里·加勒德和他的同伴们蜷缩在睡袋里，瑟瑟发抖地等待着，雪花在他们身上飘荡。奇迹出现了，风暴过去，他们三个人竟然还活着，都完好无损。更加不可思议的是，他们还发现了他们的帐篷。没有这些，他们就没有机会完成最后的 100 千米到达营地的征途。他们小心翼翼地收好这些家伙，开始向埃文斯角跋涉，他们的身体一天比一天衰弱。5 天后，他们凭借着惊人的勇气和毅力，步履艰难地抵达营地。在那里，他们穿的衣服不得不切开，因为身体已经几乎冻僵了[9]。

图 6-5 月尘（NASA 供图）

一旦航天员回到航天器，就有可能将尘土带到其他人身上或者居住舱内。如果尘土微粒比较大，那么可能不会到达肺部深处——这也是大多数肺部疾病的病灶部位。但是火星重力只有地球的三分之一，这意味着这些细小的灰尘颗粒能够渗透进航天员肺部更深的地方[10]。这样就带来了毒性问题，科学家尚不知火星尘土的具体毒性④。

刺骨的寒冷、有毒的尘土、旋风和火星闪电，毫无疑问，火星是一个危险的地方。因此，如果任务进行不顺利，火星乘组需要削减任务活动，将主要精力放在如何生存下来，他们该怎么做呢？通常情况下，参照极地探险经验是非常有启发性的。

6.6 道格拉斯·莫森

在 1913 年 1 月 7 日，道格拉斯·莫森（见图 6-6）独自一人在风雪交加的南极冰层上考察。当时距离营地有 160 千米，他的狗已经死了，口粮也消耗光了，而且他刚刚埋葬了一个队友。他生存的几率几乎降到零。当其他极地探险者面临这种情况时，一些人会支起帐篷、钻进睡袋，用最后的几天时间记录日志。但是莫森没有等死，他凭借求生的本能和一心的坚持，不放弃任何能帮助他活下去的东西。当他的脚底脱落时，他用绷带将它们固定后继续前行。在他的日志中，莫森承认他的生存几率微乎其微。他的探险同伴们都已经放弃了再次见到他的希望，因为全队定于 1913 年 1 月 14 日返回。如果那天还不启航的

④ 火星尘土不仅仅是一种运动的颗粒，还可能是有毒的。火星的表面呈红色，正是因为富含高铁氧化物的缘故。可以想象，到处飞扬的火星尘土可能是一种足以燃烧有机化合物的氧化剂……人类皮肤也不例外。更糟糕的是，探险者任务已经告诉我们，这些尘土可能会含有微量的六价铬等有毒金属——换句话说，这些都是致癌的有毒物质。

话，船将被海冰冻住而无法离开。尽管莫森几乎不可能生还了，其他探险队员还是决定继续搜救，并建造雪堆标，虽然它们可能永远不会被用到。1913 年 1 月 29 日，不可思议的事情发生了，莫森找到了其中的一个雪堆标。十天之后，他终于到达营地，成就了极地探险史中的生存神话[11]。

图 6－6　1912 年 11 月，道格拉斯·莫森在澳大拉西亚人南极探险期间休息的照片（公共版权）

6.6.1 莫森的生存

莫森在极地探险界的第一次亮相是参加欧内斯特·沙克尔顿的英国南极探险队。他也是埃奇沃思·大卫领导的前往埃里伯斯火山和磁南极的探险队成员。大卫这样评价莫森："莫森是真正的领袖，是我们磁南极队的灵魂。从他身上，我们看到了澳大利亚版的南森，他有无尽的智谋，强健的体格，并且对严寒毫不在意。[12]"得到如此高的评价，莫森能够获得足够的资金支持，组建了自己的探险队——澳大拉西亚人南极探险队（AAE)。AAE由莫森带领着，于1911年12月乘坐极光号从霍巴特出发。1912年11月10日，莫森、贝尔格雷夫·宁尼斯和沙维尔·默茨一行三人离开了基地，仅有一人生还。探险队连续五周经历了灾难性的打击。12月14日，默茨发出信号，前方有一个冰裂。莫森顺利通过，而宁尼斯坠入裂缝。莫森和默茨向下望去，在距离地面15米深的地方，只能看到雪橇和一条受重伤的狗。莫森和默茨呼喊着同伴的名字，喊了几个小时也没有听到回应。他们试图爬进裂缝，但是这太危险了，他们连狗都没能救出来。除了失去宁尼斯，他们还失去了6条健壮的狗、帐篷、大多数食物和换用的衣物[11]。剩下的雪橇载着10天的口粮，但是没有狗的食物。距离营地500千米，两名探险者至少需要再走四周才能回去。他们面临着极端的困境：

"[12月24日]'奶油甜饼'被杀掉了，我们用它的骨头做了汤。前途一片黑暗，我们的食物配给需要进一步缩减。没有充足的睡眠，饥饿无时无刻不在折磨着我们，脑子里思考的永远都是食物问题。"

——道格拉斯·莫森爵士的《暴雪之家》[13]

他们利用帐篷外罩搭在滑雪板和雪橇撑杆上建了一个原始的帐篷。为弥补食物的不足，狗成了食物的来源之一。默茨已经照顾了它们18个月，这对他打击很大。更糟糕的是，他是一个素食主义者。随着不断地前行，最虚弱的狗被杀掉作为人或狗的食物，到了最后狗已经没有了。莫森和默茨不知道的是，食用狗的肝脏可能会导致维生素A中毒，因为100克哈士奇的肝脏所含有的维生素A足够令一名成年男性中毒。据说，莫森和默茨吃了6千克！这无疑进一步极大地减小了他们生存的几率，因为维生素A中毒可引起头晕、嗜睡、肠痉挛、精神错乱、脑出血和皮肤脱皮，最终导致死亡。1913年1月1日，默茨胃部剧烈疼痛，失去了行动能力。莫森仍带着他前行，但到了1月5日，默茨就快不行了。莫森将他拖到雪橇上，但两天后默茨还是死了[13]。

在将默茨的尸体用雪掩埋后，莫森继续努力生存下去。他将雪橇砍成两半，尽量减轻负重。然后他继续他的史诗般的奋斗，拖着中毒的身体穿越了寒风凛凛的大陆。这场长途跋涉十分艰难，在他的脚底和肉分开了之后就变得更加艰难了。但是莫森在暴露的肉上涂上了羊毛脂，用绷带固定脚底继续前行。1月17日，他掉进一条裂缝，但被雪橇连着的挽具救了。他拉着绳子爬了出来，差一点又掉了进去。这差点就是压倒他的最后一根稻草了，他已经筋疲力尽，甚至放弃了求生的欲望。他随后写道："吊在空中的时候，我想到可以随时脱掉这个挽具。我盼望能得到解脱，获得最后的平静"[13]。但是他仍继续前进，

1月27日，下了一场暴雪，两天之后，他的食物吃光了。幸运的是，他找到了存有补给的雪堆标。雪堆标里留有一个便签，上面写着：极光号还在等他，在36千米外有一个阿拉丁山洞（食物存储点）。2月1日，莫森到达了阿拉丁山洞，他距离主营地已经很近了，但是厄运再次降临，天气恶化使他不得不停留了一周的时间。这令他非常沮丧，因为莫森清楚海冰马上就要迫使极光号启航了。而事情正如他所料，天气转好以后，莫森继续往基地前进，但是当他到达的时候正好看到极光号启航离开[13]！

幸运的是，同伴们没有关闭基地，一旦莫森回来就可以使用。尽管所有人都认为他已经死了，但仍有6个人留在南极洲上继续搜寻。大家希望莫森或小组的任何人能够存活下来，但也明白这种希望十分渺茫，所以当他们见到幸存者时，几乎无法相信这是真的。因此，当他们看到莫森还活着时，就像看到死人从坟墓里爬出来一样吃惊。莫森看起来很像鬼，因为的生存经历使他只剩了一把骨头，别人都无法认出他。见到他的时候，他的同伴叫了起来："天啊！你是谁啊？"[13]

他们马上使用无线电与极光号取得联系，但是鉴于海冰的情况，船已经无法返回了。莫森刚刚从厄运中幸存下来，又将面临南极的冬天。七名队员又忍受了数月的寒风，直到第二年夏天来临，1913年12月24日，他们终于离开了那里。当莫森再次登上澳洲大陆时，人们像欢迎英雄⑤一样迎接他。为莫森的归来举办庆典是有原因的，AAE是科学探索的壮举，而且莫森的探险队的确获得了一些效益，但是最主要的原因是莫森史诗般的生存之旅。和阿波罗13号有些类似，意料之外的返回方式比按部就班更具价值：莫森的经历为我们讲述了一个自己从不放弃和团队在绝望中仍抱有希望的故事。

6.7 瓦莱里安·阿尔巴诺夫

瓦莱里安·伊万诺维奇·阿尔巴诺夫，与阿蒙森、南森、斯科特和沙克尔顿为同时代的人，他不是探险家，而是一名航海家。当时挪威和英国探险队均抵达了南极，俄国人则独自在北半球奋斗着。

阿尔巴诺夫的故事始于1912年的夏天，船长乔基·布鲁西洛夫驾驶着圣安娜号纵帆船，去寻找新的狩猎场地。船上成员混杂，大多数是猎人和陷阱捕兽者。布鲁西洛夫的副手是31岁的阿尔巴诺夫，后来成为了他的大副。布鲁西洛夫野心勃勃地计划穿过东北通道，一条自西向东的近路，正好穿过北极。只有瑞典探险家尼尔斯·诺登舍尔德曾经成功完成了这条航线，但是布鲁西洛夫非常乐观。布鲁西洛夫于1912年8月28日起航，携带了18个月的补给。他驶入了喀拉海，所谓的"冰窖"，一周之后，在10月15日，圣安娜号被冻住了。布鲁西洛夫并不担心，因为诺登舍尔德就曾经被冰冻住并且度过了一个

⑤ 历史学家大卫·戴在他的书《冰之裂痕》中指出，莫森可能不是大家所认为的那样的英雄。在他的书中，戴责备莫森把他自己和默茨逼到了饥饿的边缘。莫森估计他的同伴们会先死去，他甚至为自己留下足够的食物来维持生存。如果这些还不够轰动的话，戴还暗示虚弱的莫森可能吃了默茨的肉来使自己增强体力。戴的说法是基于对莫森记录的研究，以及其他探险队成员最近的日记。戴的书也提出了关于默茨之死的疑问，以及质疑莫森应该对其困境负责[14]。

冬天。

过冬期间，大多数船员得了坏血病，第二年夏天，船没有解冻，这意味着他们还要度过一个寒冬。更加糟糕的是，船随着冰移动了 4 000 千米，他们已经远离陆地了。1914 年 1 月，垂死的人们正在策划暴动，而此时阿尔巴诺夫正在建造一艘皮艇。1914 年 4 月 10 日，阿尔巴诺夫怀着生存的希望，带着一份布鲁西洛夫的日志（用来证明他自己的正确）、一个有问题的航海计时器和自己的日记本，同其他 13 个船员乘坐自制的皮艇和雪橇，带着桨、滑雪板、火枪、帐篷和食物一同离开了圣安娜号。11 天行走了 50 千米，其中有三个队员决定放弃这次努力，并返回圣安娜号。这是一个错误的决定，因为留在圣安娜号上的人都死光了。几周之后，普罗霍尔·巴耶夫在尝试寻找更优路线时失踪了。探险队只剩下了 9 个人。

除了海豹肉，每个人每天只能分到一英镑饼干的口粮。这显然是不够的，因为六月的一天，两名队员偷了补给逃跑了。追随着他们的踪迹，大部队追上了这两名叛徒。他俩正努力前往位于乔治王子岛的尼尔角，与大地岛仅隔着剑桥湾。不久，人员减少到了 8 个，因为亚历山大·阿希雷耶夫实在走不动了只能被留下。另外有三个人，伊万·卢纳耶夫、叶夫根尼·什巴科夫斯基和奥尔格·尼尔森都患上了坏血病。随后尼尔森去世，剩下 7 个人了（不算阿尔巴诺夫）。

他们尝试穿越岛屿，抵达诺斯布鲁克岛和弗洛拉角，但中途遭到风暴袭击，仅两人幸存：阿尔巴诺夫和亚历山大·康拉德。他们在 1914 年 7 月 11 日到达弗洛拉角。阿尔巴诺夫偶然地想起南森撰写的《最遥远的北方》中描述的弗里乔夫·南森⑥和亚尔马·约翰森的探险之旅。阿尔巴诺夫对这个故事烂熟于心：走出去是有可能的。

在弗洛拉角，阿尔巴诺夫和康拉德找到一个废弃的营地，一个木屋、两个小棚子和一艘良好的挪威捕鲸船。无疑有人曾在这儿驻扎过，这是乔基·雅科夫列维奇·谢多夫的营地。他在 1912 年乘坐圣福卡号离开俄国，与罗伯特·皮尔里竞赛看谁先抵达北极。阿尔巴诺夫和康拉德找到几罐猪肉、烟熏鲱鱼、弹药、急救包、滑雪板、挽具，甚至还有一些奢侈品。七月中旬，康拉德决定返回贝尔岛去寻找丢失的那两名划皮艇者和四名滑雪者，尽管他的双腿肿胀并疼痛。阿尔巴诺夫几乎无法站立，浑身疼痛，只能在原地等待。两天后康拉德回来了，一无所获。阿尔巴诺夫和康拉德只好为过冬做准备，所以他们开始准备基地居住帐篷。7 月 20 日傍晚，阿尔巴诺夫到屋外呼吸新鲜空气，他发现海平线上竖起了两根桅杆，一根冒着黑烟，一根冒着白色的蒸汽。阿尔巴诺夫认出这就是圣福卡号。阿尔巴诺夫和康拉德连忙将皮艇放入水中，向大船划去。船上的船员发现并搭救了他们。登上圣福卡号，阿尔巴诺夫和康拉德享用了一顿奢华的大餐，包括面包、鸡蛋、肉、伏特加、甜点、茶、牛奶和糖。8 月 10 日，他们在一个叫伦达河的渔村停留，通过无线电宣布他们生还的消息并请求支援。这时他们才知道世界大战开始了，俄国和法国结成同盟共抗普鲁

---

⑥　1893 年，挪威人向西伯利亚北部航行，试图寻找到卡在冰里的弗拉姆号。他们成功了。一年半以后，1895 年，他们弃船前往北极，不得不在北纬 86 度返回。往南到了法兰士约瑟夫地群岛，又在另一个冬天，去了弗洛拉角，并在 1896 年 8 月被一艘路过的船救起。弗拉姆号从北极漂流到大西洋，后来被罗阿尔德·阿蒙森使用。

士。几天之后，阿尔巴诺夫、康拉德和圣福卡号上的三个人获得了乘坐尼古拉斯二世号前往阿尔汉格尔斯克的免费通行票。1914 年 9 月 1 日，他们最终上岸。地理学家弗拉迪米尔·维泽曾经在圣福卡号上与阿尔巴诺夫共进晚餐，并随他一同乘坐尼古拉斯二世号，他说，“阿尔巴诺夫能够生还主要依靠其优秀的品质——勇敢、精力旺盛并且意志坚强”，但我觉得还要再加上一点，那就是“天意”。

6.8 航天员如果需要在火星上生存该怎么办?

这是安迪·韦尔的科幻小说《火星救援》[⑦] 开篇提出的问题。韦尔小说的背景是，一个美国航天员乘组在火星着陆，并且必须在沙尘暴爆发前撤离。在混乱的撤离过程中，他们无意中落下了马克·沃特尼——乘组中的植物学家。当沃特尼恢复意识并发现自己被留在这个荒芜一人的星球后，他必须找到生存下去的方法，以及让 NASA 得知他还活着的消息，并找到返回地球的途径。小说通过沃特尼的日志记录讲述了他如何在火星上生存，尽管不太真实，但也确实具有一定的可能性。

在沃特尼的飞船离开地球之前，已经预先有 14 次无人任务将航天员生存所需要的补给运送到火星上。其中包括居住舱，这是乘组的居住场所和交流中心，还有两辆火星车用于地面远足。因此，沃特尼有了可供 6 人乘组使用 50 天的一个根据地、交通工具、备用航天服、工具、水和食物，如果只有他一个人使用，则可以坚持 300 天。问题是下一次载人任务大约在四年以后，在那之前沃特尼早就饿死了。但是，就和莫森一样，沃特尼从不放弃，解决了一个又一个的问题。身为一名植物学家，他找到了利用火星尘土、人的排泄物以及 NASA 为乘组准备的感恩节土豆来生产更多食物的方法。他利用氧气和氢气生产水，修理太阳能电池，灵活利用物品，并搭建了一个简单的通信系统，将他还活着的消息传回地球。他孤独么？当然孤独了，但是和沙克尔顿及其同伴们一样，他没有抱怨。经过了一些挫折，沃特尼终于和地球取得了联系并且制定了救生计划。和其他伟大的生存故事一样，这个火星人经历了很多挫折。沃特尼不断受到死亡挑战，通信系统失灵，他只能用岩石写下信息，这样轨道卫星可以识别这些信息并与 NASA 重新取得联系。悬念在经历了几次转折后达到了顶点，在他到达火星几个月后，他必须找到离开这个星球的方法。最终剧情我暂不透露，只有看到书的最后几页才能知道最终结果。

同极地探险一样，在火星任务中很多情况都可能会导致死亡：导航错误、快速失压、辐射病、航天服开裂等。但正是因为困境才令人们如此关注，这与韦尔的书取得成功是一样的道理。在阿蒙森、莫森、阿尔巴诺夫和沙克尔顿的时代，探险家们在困境中只能依靠自身装备实施救援，但是在火星任务中不幸受困的航天员却有很多资源可以利用。救援是否可行？在阿波罗任务之前，任务规划者们就深思熟虑过。这也是媒体热烈讨论过的话题。在登月竞赛中，北美航空（NAA）公司的工程师们向 NASA 提交了一份预研报告，

---

⑦ 这本书最初是在韦尔的网站上自出版的连载书。后来形成一本独立的电子书，之后又被兰登书屋以六位数的价格收购。《火星救援》现在已经被好莱坞选中。

讲述了当阿波罗航天员被困在月球轨道时应如何进行单人救援任务[15]。任务采用改良过的阿波罗指令服务舱（CSM），前面装有特殊对接单元。这个对接单元包括可识别的活动探针或者靶标。探针被安装在阿波罗登月舱（LEM）上，靶标就安装在标准CSM的被动对接装置上[15]。因为月球救援任务可能在地球不知道的情况下进行，因此，实施救援的航天员必须有能力更改配置。该航天员将携带一条安全绳、一个生保扩展装置、压缩气体推进装置和防护服，以应对需要太空行走的情况[15]。实施救援所需的额外装备将使CSM增加200千克质量。NAA公司的计划是将CSM安装在肯尼迪航天中心的土星5号火箭上，该火箭和月球任务使用的相同，只是没有携带LEM[15]。如果登月任务成功，救援用CSM和土星5号火箭将被转运到飞行器组装大楼中，等待下一次月球任务时再次使用。NAA公司的计划是有风险的。加注了推进剂的火箭在整个阿波罗任务期间都在发射台处于待命状态，这本身就存在风险。最终，NASA在考虑了方案的难度和费用后，否决了月球轨道救援任务[15]。

在阿波罗1号失火之后，NASA重新评估了阿波罗计划的安全问题，再次检验了航天员被困在月球轨道或者月球表面上的风险。考虑到高风险性，当局重新考虑1962年曾提出的麦克唐纳公司的计划。该计划将使用双子星座号飞船作为月球营救飞行器，经过改进的双子星座号B型飞行器将作为解救困于月球轨道或者月球表面的航天员的工具。NASA共制定了三种救援计划：双子星座号月球轨道救援飞船、双子星座号月球表面生存避难所和双子星座号月球表面救援飞船。麦克唐纳公司的计划预想无人多用途双子星座号月球救援飞船应该能完成以上任何一种救援计划，但当时阿波罗计划正面临经费缩减[8]。由于没有资金注入，利用阿波罗号或双子星座号飞行器的救援计划最终未能实现。

50年后，在设计火星任务时，救援任务的可行性和发展方向再一次成为重要课题。被困于火星的探险者们可能需要和莫森一样，必须自行找到回到地球的方法，因为火星实在是太遥远了，无法实施有效的救援。航天员在空间站上，沿着地球低轨道运行，距离地面救援力量大约350千米，而探月航天员却需要三天时间才能获得救援。火星航天员甚至需要几个月的时间才能获得救援，事实上，他们在起飞以后就只能靠自己了，就像极地探险家们那样，习惯长时间在有限空间内生活，在不可控的极端环境中工作，学会修理装备，深悉个人的生存依赖于所有设备的正常工作。除此以外，就像斯科特和富兰克林（见补充报道）那样，他们必须能够面对伤病，在恶劣环境下，亲眼目睹队友们受伤甚至死亡，尽管知道如果他（她）能够在地球接受治疗的话，很可能会痊愈或者生还。事实上，无论极地探险还是NASA在后哥伦比亚号时代之前，都没有制定救援计划。阿波罗13号没有在轨救援计划，水星号、双子星座号、阿波罗计划等载人航天飞行中遇到的紧急事件都只能依靠乘组自行解决。这些任务没有备用飞船，火星航天员更不要指望有备用飞船，毕竟火星载人任务在没有救援计划的情况下已经足够昂贵了。

营救富兰克林

1845年，约翰·富兰克林爵士及129人的探险队伍离开英国，寻找西北通道。两年过去了，海军部一直没有收到富兰克林的消息，但是并不担心，因为富兰克林的船非常先进，并且船上储备的物资可使用三年。但是一年后，海军部认为可能出了问题，因为船长们通常能够从探险中返回，不论是否和船一起，而现在既没有见到船，也没有见到船长。富兰克林的失踪对英国来说是个灾难，因此，海军部悬赏两万英镑寻找下落不明的探险队伍。

在接下来的几年里，一股巨大的国际力量，包括40只船、2 000名军官和雇工，被派遣去寻找富兰克林和他的队伍。这是历时最长、耗费最大的一次搜救行动。最后，由其队员留下的文件记录确认了富兰克林的死亡。接着焦点转向调查富兰克林、他的探险队和船只（皇家海军战舰幽冥号和惊恐号）是如何沉没的。最初对富兰克林的搜救兵分三路。詹姆斯·克拉克·罗斯带领一个搜救团队（包括调查者号）穿过兰开斯特海峡，亨利·凯利特船长由白令海峡驶向该区域，与此同时，约翰·雷和约翰·理查森爵士带领一个陆地搜救团队，从麦肯齐河出发。

三路搜救力量没有得到任何关于富兰克林下落的可靠证据。

1850年对于搜救团队来说是繁忙的一年。海军部派遣探险队分别从东部和西部海峡前往西北通道的推定地点，同时由理查德·柯林森和罗伯特·麦克卢尔搭乘进取号和调查者号带领另一个搜救团队穿越白令海峡。1850年也是私人资助探险年，约翰·罗斯爵士领导着由哈德逊湾公司资助的搜救团队。第一格林内尔探险队由美国慈善家亨利·格林内尔资助，由美国海军埃德温·德·黑文领导，出发搜救富兰克林。

但他们也什么都没有找到。

富兰克林夫人对1848年和1850年的搜救行动的结果不甚满意，于1851年再次组建搜救团队，但这次很不成功。截至1852年，不止富兰克林及其团队失踪了，麦克卢尔和柯林森及其团队也失去了踪迹（麦克卢尔于1854年获救，同时得到消息称柯林森及其团队被迫返回了英国）。

还有约翰·雷，于1848年与约翰·理查森一同开始北极极地探险。1854年，他向海军部汇报了富兰克林及其团队可能死亡的消息，并提到一些船员为了在绝望的环境中生存下去，甚至同类相食。雷的报告基于因纽特人口述的证词以及一些遗物，被认定可用于确认富兰克林团队的情况，并获得了由海军部提供的10 000英镑奖金（相当于2014年的35万美元）。

发出10 000英镑奖金后，海军部认为这件事已经告一段落，但是富兰克林太太并没有放弃。1857年，她资助了另一个由利奥波德·麦克林托克带领的探险队，他们到达威廉国王岛，并发现了一堆尸体。更值得关注的是，他发现了迄今为止唯一发现的记载了富兰克林探险队遭遇的文档。[⑧]

那么火星探险者如何在火星上生存呢？面对这一挑战需要调整态度，开发一套与极地探险相似的深空运营机构和秩序。在当今反对冒险的文化氛围中，这样做比较困难。有些

---

⑧ 富兰克林和他的船如同马来西亚航空公司MH370航班故事一样。它甚至成为一个传奇故事，充满着悲剧、食人、英雄主义、忍耐力等元素，但其中很多不是真实的。因此，2014年9月9日，发现富兰克林的一艘船时，当时成为全世界的头条新闻。富兰克林传说中的一艘船的发现也成为这一代最令人兴奋的发现之一。

故障在近地飞行情况下解决起来比较容易，火星乘组需要练习生存技能来克服高风险的挑战。这时模拟和仿真就非常有用了。模拟和仿真可以展示乘组将要面对的情况，对术语进行定义，仿真（simulator）是指设计出一个特殊环境，该环境的某些特征与目标环境相似；而模拟（analogue）环境是真实存在的，本身与目标环境具有一些相同特征。例如，典型的太空飞行仿真训练器就是一个船舱，航天员乘组在舱内与外界隔离的时间与航天任务的时间接近，进行飞行任务训练，包括进食、个人卫生照料和通信。

除了使用仿真训练器，航天员也可以通过模拟训练，了解任务中可能发生的状况。研究最多的模拟环境就是极地工作站，人们的工作和生活均与外界隔绝，在有限室内空间内完成任务，依靠生命保障系统避免受到危险的外部环境的侵害。在没有穿好安全装备并做好充分准备的情况下，他们是不能到室外去的。2015 年，国际空间站（见图 6-7）将作为火星任务的仿真训练环境，但是这种模拟和仿真训练是否有效？火星乘组能否应对莫森和富兰克林式的境遇？我看未必。

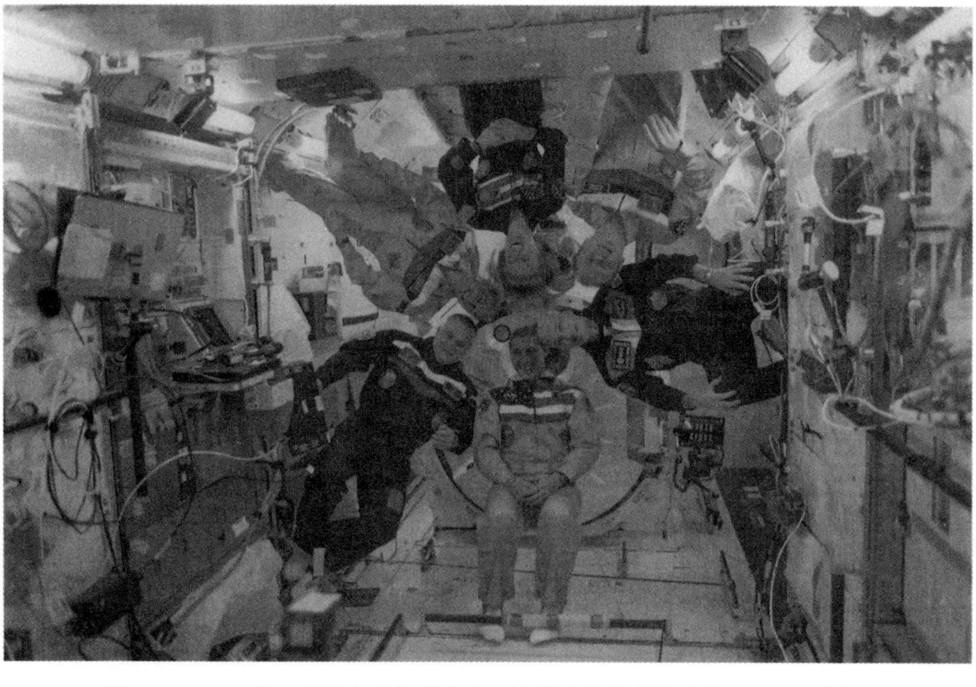

图 6-7 2015 年，国际空间站将作为火星任务的仿真训练器（NASA 供图）

6.9 火星模拟

火星载人任务促使产生了多种自然环境模拟训练。例如，闪光线火星北极研究站（FMARS）项目，由于航天管理机构的资助和合作，FMARS 利用位于犹他沙漠和加拿大北极地的站点，模拟火星上的生存。参试者离开驻地实施试验时要穿模拟航天服，并用无线电通信，与火星-地面通信一样，通信过程中具有双向时间延迟（火星 500 项目参试者也是这样做的)[16]。通过开展夏威夷空间探索模拟与仿真（HI-SEAS，见补充报道）（见图6-8）这类仅持续几周或几个月的试验，这些任务并不想尝试复制火星探险的三个阶段，那么每年将一群火星志愿者送往北极地训练的意义在哪里？科学家和任务组织方会说服你，让受试者在狭小隔绝地点生存，可以为学者们提供研究机会——乘组在面临长期枯燥生活，与外部世界隔绝，并且在居住舱之外，环境恶劣甚至具有潜在的致命风险的情况下，应当如何应对真实的任务[16]。

图6-8 HI-SEAS（NASA供图）

夏威夷空间探索模拟与仿真

HI-SEAS是最近开展的模拟试验之一，有六名乘员参加，三男三女，在92平方米的居住舱生活四个月。参试者从700名申请者中选出，包括一名航空航天工程师、一名神经心理学家、一名空军老兵。该研究的目的在于使乘组同火星任务一样与外界隔绝，与外界联系只能通过电子邮件，并且模拟火星与地球之间的通信，每次通信有20分钟延迟。任务规划者还限制乘组每周只有8分钟的淋浴时间（斯科特、莫森和他们的探险队员可没有这么奢侈的待遇），如果离开栖息地必须穿着航天服。在四个月的驻留期间，研究员们测试了乘员的情绪和互动方式。他们同样测试乘员的认知技能，观察是否随着试验的进行而变化。不知道波莫里猎人会得出什么结论？

这类任务持续时间短，通常利用其研究结果推断如何改进太空舱，尽管有效性仍存在争议。模拟环境能够模拟火星任务带来的挑战非常有限，只有个别任务方面能够进行深入研究，例如HI-SEAS饮食研究（意外的成功），而在南极站进行的长期研究为预测者提供了更加精确的数据。但是，火星乘组需要面对多年多阶段危险的航行，与火星探险旅程拥有最多相似点的，就是极地探险家们的极地探险旅程。极地探险队通常在艰苦、危险、隔绝和密闭条件下生存，生活单调乏味，一次探险可持续数年，期间可能多次面临死亡的考验。说不定沙克尔顿和他的伙伴可以称为火星任务的合适人选！火星探险与极地探险的英雄时代的共同点还包括：到达探险地点的旅途漫长而危险，极地探险本身具有的危险、艰难和不确定性，探险幸存者们要经过漫长艰难的返回旅程。与其极力开展更多仿真和模拟试验，研究者还不如深入地研究极地探险档案（值得赞扬的是，HI－SEAS研究者们确实这样做了），也许该从伦纳德·比克尔写的《莫森的意志》开始。仿真的问题在于无法复制真实的危险，以及在危机状况下无法救援的实际状况。这也是生物圈（见补充报道，见图6－9）试验为什么只不过是类似于真人秀节目《老大哥》（the Big Brother）的劳民伤财之举的原因。嗯，它完全就是劳民伤财之举。

图6－9 生物圈2号。资料来源：约翰德迪奥斯

6.10 在玻璃温室中生活两年

生物圈2号

火星500不是将一群志愿者关在一个设施里面的第一次尝试。在火星500之前，美国亚利桑那州建了生物圈2号。该建筑位于亚利桑那沙漠，四周环绕着蓝花假紫荆和牧豆

树，2011 年我参观时它建成不到 20 年，但已经很旧了。门口堆满了干树叶，一条响尾蛇嘶嘶爬过小路，咖啡馆早已关门，任务控制中心已经废弃，主建筑中用于种植植物的棚屋已经空了。生物圈 2 号本应是一个独立的生态系统，但却遇到了各种问题，从低氧气含量到虫害，最终因管理层的内讧而终止。实验在亚利桑那州沙漠中的巨大玻璃房子内开展，计划模拟遥远星球上驻地的封闭环境。生物圈 2 号于 1991 年 9 月建成，花费了一亿美元，两年后因意见不一致而终止。八名科学家（四男四女）在生态系统内生活，包括沙漠、雨林、草原、海洋和沼泽。乘组应该完全自给自足，靠种植的庄稼和饲养的动物生活。他们呼出的空气被植物循环利用，但事实并非如此。任务的后期，成员间关系紧张起来，两名最初的成员——阿比盖尔·阿林和马克·范·西洛被指控试图破坏由玻璃和钢搭建的穹顶。另一名生物圈 2 号居民，英国科学家杰恩·波因特在联邦法警扣押这处财产之前，曾要求支付拖欠工资。1994 年，该建筑废弃了，现在作为旅游景点开放。

像火星 500 或生物圈 2 号这类空间环境模拟试验，成功的概率非常低，因为隔离环境与真实探险的危险程度不同，乘组焦虑的表达方式也不同。我们必须承认，生物圈 2 号或 HI-SEAS 栖息地提供的仿真条件与真实条件完全不同，与莫森和他的团队经历的困难更是毫无相似可言。另一个原因是这些仿真的参试者永远不会遭受适应不良的心理疾病——精神错乱、出现幻觉、偏执或者绝望，而极地探险者或火星航天员都将经历这些。火星 500 和生物圈 2 号都号称能够高保真地模拟长期太空任务，其实根本算不上。只要粗略浏览一下极地探险的档案，就会发现火星 500 的科学家们忽略了明显的事实：各类探险家都要经历和展现出高度的韧性，面对困境仍保持乐观的非凡能力，以及在令人煎熬的严寒、潮湿、疲劳和饥饿消退了士气的情况下，日复一日坚持下去的能力。

参考文献

[1] Lansing A. Endurance. Basic books. 1999.

[2] Ross MI. Polar Pioneers: John Ross and James Clark Ross. McGill Queens University. 1994.

[3] Guttridge LF. Ghosts of Cape Sabine: The Harrowing True Story of the Greely Expedition. Putnam Adult. 2000.

[4] Reader's Digest: Antarctica, Australia, Surrey Hills, 1990, p. 83.

[5] E. F. Binker, O. E. Kolari, Pemmican in: Maricopa Trails 1, Vol. 1, 1977, p. 1 - 10.

[6] Peary RE. Secrets of Polar Travel. Adamant Media Corporation. 2000.

[7] Schillat M. Pemmican and penguin - breast, but no pie: Daily problems of Polar explorers during the Heroic Age of Antarctic exploration. http: //www. monika - schillat. eu/ texte/e _ pemmican. pdf.

[8] http: //www. nasa. gov/centers/johnson/slsd/about/divisions/hefd/project/advanced - foods. html.

[9] Cherry - Garrard C. Worst Journey in the World. Penguin Classics. 2006.

[10] http: //www. space. com/4051 - future - mars - explorers - face - dusty - challenges. html.

[11] Bickel L. Mawson's Will. Steerforth. 2000.

[12] Mawson P. Mawson of the Antarctic. Longmans Green and Co. 1964.

[13] Mawson D. Home of the blizzard: A Heroic Tale of Antarctic Exploration and Survival. Skyhorse Publishing. 2013.

[14] Day D. Flaws in the Ice. Lyons Press. November 2014. .

[15] http: //www. spacesafetymagazine. com/space - exploration/apollo - moon - landing/ apollo - rescue - mission/

[16] Suedfeld, P. (1991) . Groups in isolation and confinement: Environments and experiences. In A. A. Harrison, Y. A. Clearwater, and C. P. McKay (Eds.), From Antarctica to Outer Space: Life in Isolation and Confinement (pp. 135 - 146) . New York: Springer - Verlag.

第7章 牺 牲

"超出常人的努力，除非取得成功，否则一文不值。"

——欧内斯特·沙克尔顿[1]

图7-1 猎人号南极极点探险队。从左至右：怀尔德、沙克尔顿、马歇尔、亚当斯。该探险队尝试第一个到达南极极点，但是因为天气恶劣、物资短缺和缺少合适的装备而未能成功（公共版权）

7.1 奥茨船长

人们常说，英国人擅长于承受失败。在失败面前没有人比他们更强。这个国家不仅能够容忍失败，还很喜欢它。可以肯定的是，没有其他哪个国家能够将最耻辱的挫折与最辉煌的成就相提并论的。就拿2012年举行的斯科特南极极点探险一百年周年纪念活动来说，盛大的纪念仪式和庆典只为纪念英国历史上最悲壮的探险活动。假设历史在1912年发生一些变动，罗伯特·斯科特船长为征服南极极点策划了更好的方案，或者斯科特和他的四人组并没有死在距离补给点仅仅19千米的冰上，而是成功回到了船上，那么还会有这些雕像、纪念碑、展览馆、书籍和电影向他和他的探险之旅致敬么？也许不会有了。也不会有2012年英国举行的盛大百年庆典，包括在圣保罗大教堂举行的全国感恩祈祷活动，南极遗产信托基金的赞助人、皇室公主以及数千“南极斯科特”粉丝出席了活动。挪威人罗阿尔德·阿蒙森的确超越了斯科特船长抵达了南极极点，但是后者却让更多人记住。阿蒙森只是单纯想成为到达南极极点的第一人，结果成了双料赢家，不但为挪威摘取了极点的桂冠，而且相对轻松地返回了家园。阿蒙森的百年纪念庆典又是什么样的呢？在挪威首都奥斯陆有一些动静，挪威首相也访问了这个极点，但除此以外，阿蒙森的成就只赢得了些许掌声。为什么斯科特及其团队在百年之后仍被人追捧呢？并不是因为他们失败了，而是因为他们对待失败的方式，也因为他们记录下了人类面对死亡时最好的选择。并且，最重要的是，劳伦斯·奥茨船长（见图7-2）英雄式的牺牲行为，体现了英国式的铁血和忍耐力。1912年3月17日（奥茨的32岁生日），在南极暴风雪中，没有食物，坏疽感染严重，奥茨意识到自己的能力丧失会影响到队友生存下去。因此，出于单纯的英雄主义，他决定离开队伍，临走前对队友们说：“我出去走走，一会儿就回来。”时至今日，奥茨仍然是受人崇敬的英国英雄，这要归功于那句精致的英国人的遗言[2]。

图7-2　劳伦斯·爱德华·格雷斯·奥茨船长，1911—1913年，英国南极探险队
（参考序列号：PA1-f-067-069-1，银胶复印，图片文档，亚历山大·特恩布尔图书馆，公共版权）

奥茨出生在一个富有的特权家庭，是一名维多利亚时代英格兰的地主贵族。他在伊顿公学念书，之后被任命为恩尼斯基伦龙骑兵。但是奥茨在布尔战争之后对军旅生活很是失望，迫切想要离开军队，并为此支付了 1 000 英镑（相当于现在的 10 万美元），参加了斯科特的南极极点探险队。斯科特探险队于 1910 年夏天乘坐一艘老旧的捕鲸船——史前新纪元号从加的夫出发。1911 年 1 月，他们到达南极后，马上建立了基地，他们将在这里度过极地严冬，并于年底再次出发。斯科特前往极点的灾难历程已经被载入了史册。斯科特的团队不但挑选了比阿蒙森更艰难、更长的路线，而且还增加了工作负荷，沿途采集科学数据。奥茨是一名专业骑手，在最初的 400 英里旅途中，负责利用来自满洲和西伯利亚地区的矮种马拖运物资[2]。在一个极度依赖补给站的行程中，斯科特坚持将补给站设在比预定地点偏北 30 英里的地方。奥茨提醒他，如果这样决定未来会后悔的，马匹应向南方再多行进一些，并且将补给点建在距离极点更近的地方。在返回的途中，奥茨忍受了巨大的痛苦，甚至无法前行，他的双脚因为冻疮和坏疽已经变得紫黑。更糟糕的是，坏血病使他的一处在战争中受的旧伤复发，并开始溃烂。奥茨的自我牺牲并没有帮助同伴们脱离困境，斯科特、鲍尔斯和威尔逊在接下来的三天仅向前行进了 20 英里，然后暴风雪将他们困在帐篷里，10 天后他们也去世了。

7.2　一切为公

火星乘组不太可能受到坏疽和坏血病的困扰，但很多其他情况可能会导致航天员们为了集体的利益，而考虑采取与奥茨同样的方式。让我们试想下面的场景：在为期一个月的着陆期的第 6 天，沙尘暴袭击了着陆基地，火星乘组决定撤离。在乘组赶往上升飞行器的途中，一名航天员掉队并与其他乘员失散了。乘组以为他在沙尘暴中牺牲，但实际上他还活着，尽管受了重伤。着陆器已经飞走，他被困在基地。基地有生命保障系统和食物，但是不足以支撑他到下一次任务抵达的那一天。有一架为下次任务预留的上升飞行器，不过在几千千米之外。更糟糕的是，沙尘暴毁坏了通信系统，所以他没有办法与地球取得联系。

这是安迪·韦尔的《火星救援》中描写的场景，讲述了马克·沃特尼落难后孤身在火星上求生的故事。在韦尔的书中，沃特尼是一名天才工程师，还有些小聪明，运用他的经验和有限的资源设法在火星上生存下去。但是如果一个幸存的乘员或乘组只有很少的生命保障物资和食物会发生什么？他们该怎么办？踏着奥茨的足迹，吞下氰化物胶囊？当然不会。传说 NASA 的航天员会随身携带自杀药片，这纯属谣言。毕竟，如果一名航天员真的想要结束他（她）的生命，太空是最有效的自杀场所了，因为只要暴露在真空中几秒钟，人就会失去意识，接着很快因窒息而死亡。相较而言，氰化钾药片需要两倍的时间才能令人死亡，而且不能使人在死亡前陷入昏迷。NASA 的航天员没有携带自杀药片，不代表其他航天员没有这么做。阿列克谢·列昂诺夫在 1965 年 3 月 18 日进行人类首次太空行走时，就携带了一片自杀药片。这是为了以防万一，如果列昂诺夫未能回到飞船，这意味着他的同伴航天员帕维尔·别利亚耶夫只能让他在太空轨道中漂浮。这次是死里逃生，当列昂诺夫尝试回到飞船时，膨胀的舱外服在舱门处卡住了。为了能够进入舱门，列昂诺夫调低了舱外服的压力，最后进入了飞船并关闭了舱门。让我们再回到科幻小说中被单独遗留在火星上的航天员。假设这次是一个五人乘组，生命保障系统发生灾难性的故障，而下一个任务五个月后才会抵达，消耗品在最低配给情况下仅能保证两名乘员生活一个月。他们应该怎么办？首先，这个团队需要足智多谋，并且意志坚定，足以克服任何情况。因此，他们会解决当前的困难，并制定一个计划。也许乘组中的大多数会为了任务而牺牲自己，因为乘员越多，需要消耗的生命维持物资就越多。假设三名乘组成员通过气闸舱离开了，拯救了其他乘员。问题解决了。但是三个月以后，有毒物质泄露污染了大多数食物。剩下的成员只有正常 1/3 的供给量，他们还要继续生存两个月才能获救。这时该怎么办？

7.3　同类相食

“从残缺不全的尸体状态和罐子里存放的东西来看，显然，我们可怜的同胞们最后只能靠同类相食来作为延续生命的手段。”

——约翰·雷博士，摘自他递交给海军当局的报告[3]

没人知道从什么时候开始的，或者是谁做了这个可怕的决定，在 1848 年 5 月的某一天，幽冥号和惊恐号的队员们决定开始吃他们的同伴。他们是杀了活着的同伴还是无奈下食用死人的尸体，都已经无从考证了。历史学家也无法说明当时的情况。我们可以肯定的是这些水手们变成了食人族。这里所说的不是吃了一个或两个人，从尸体来计算的话，有可能达到 40～50 个人。这些英国船员们用刀子将肉从他们同伴的身上割下，在死者骨头上留下了明显的痕迹，为多年以后法医判定他们的食人行为提供了直接证据。为确保能切下尽可能多的肉，他们在割掉肌肉组织之后，将大块的骨头折断，并挖出骨髓。但还有更可怕的，在为数不多的食人案例中，一般情况下手和头是不被食用的。但是，幽冥号和惊恐号的乘员没有那么挑剔和讲究，他们把所有能吃的都吃了。他们把人头切下，扯掉下颌骨，敲碎颅骨后吃掉大脑，真令人毛骨悚然。然而并不止于此，吃完了头部以后，船员会搜寻剩余的碎肉，将手指上的皮肉撕下来吃掉，直到一点不剩。我们无法知道多少船员参与了食人活动，因为没有人生还。直至今日，仍有一些人坚持认为这件惨事没有发生过，但是法医学是一门高度严谨的学科，并且证据是无法反驳并且高度可信的。那么这是如何发生的呢？

1819 年，海军中尉约翰·富兰克林带领了一个探险队前往北极。途中补给消耗光了，绝望、饥饿的人们开始吃自己的皮靴。最后十个人因为饥饿和低温死亡（还有一个被同伴谋杀）[4]。在探险队返回后，富兰克林落下了一个“极地吃靴人”的名声[4]。尽管富兰克林的首次探险死亡人数很高，但 1825 年他再次被任命带领一个探险队，这次归来后他被封为爵士。随后他被任命为塔斯马尼亚岛的总督，就任期间，他不遵从当地习俗，与本地居民产生了较大的冲突，因此殖民地办公室立即将他召回了英国[4]。富兰克林在 1844 年按时回到了伦敦，并向海军部提交了组建探索西北通道的探险队的建议，这条穿过冰层的航线人们已经探寻了三个世纪。富兰克林已经年近六十，而且身材发福，但他通过游说得到了这支探险队的指挥权，并于 1845 年 5 月开启了他的厄运之旅[4]。启程几个月之后，他给妻子写信，说他可能三年后才能回来，而这是富兰克林传递给外界最后的消息。因为他告诉家人和朋友们，在补给用完之前，他是不会回英国的。富兰克林到达北极第一年以后就没有了消息，大家并不太担心。毕竟，他带了五年的补给量，如果省着点儿用，甚至能够支持七年。虽然如此，海军部在 1846 年底开始考虑派出救援团队，但是搜救团队直到 1848 年才出发[4]。团队沿着西北部的麦肯齐河顺流而下，之后向东前进。但他们什么都没找到。接下来的十年里开展了多次搜寻和救援行动，一艘接着一艘的船被派往这个冰冻的海洋，但都无功而返。随后，在 1850 年，一个考察队在比奇岛发现了富兰克林驻扎的证物，没有发现文字记录，但是找到了食物罐头和 1847 年死去的三个人的坟墓。四年以后，富兰克林及其队员的命运之谜终于被解开。根据因纽特人的证词，幸存者几年前曾驻扎在威廉国王岛上。因纽特人描述说发现了人类骨头，公众哗然。很多人拒绝接受由英国军官带领的探险队居然会吃人。五年之后陆续有更多的证据曝光，1859 年 5 月，由弗朗西斯·麦克林托克带领的探险队发现了一个装有富兰克林探险记录的罐头。潦草的笔迹记录着：

“从 1846 年 9 月 12 日开始，幽冥号和惊恐号被困在了冰上，1848 年 4 月 22 日我们弃船离开。约翰·富兰克林先生于 1847 年 6 月 11 日去世，至今本次探险队已有 9 名军官和 15 名士兵死亡。从明天 26 日开始，我们要向回鱼河（Backs Fish River）出发。”[5]

多年以来，历史学家将获得的证据拼凑起来，试图还原事实真相。在他们的指挥官死去之后，富兰克林探险队的队员们沿着冰面向南行进。每天只有 1/4 的配给量，大约 500 卡路里，可是他们的消耗很大，身体开始进入自噬代谢的过程（见补充报道）。坏血病使他们更加衰弱，他们失去了对肺炎的抵抗力，在船上待了三年以后，他们虚弱得连雪橇都拉不动了。当这些人意识到他们即将死去时，文明行为的约束土崩瓦解了。在搜救人员开展的调查中，一位因纽特人目击者提到了满是坟墓的营地和被吃掉的人的骨头。有一名猎人说看到他们在靴子里塞满了煮熟的人肉。

自噬代谢

自噬代谢有时候用来指代自体吞噬（autophagy），希腊文字的派生词“auto”是自身的意思，“phagy”是吃的意思。一般情况下，自体吞噬是自然生理过程，在这个过程中体内细胞被消灭，但在极度细胞应激下，该过程会增强。当身体得不到营养时细胞应激增大，如同幽冥号和惊恐号船员身上发生的那样。身体因饥饿缺乏营养时，会消耗自身脂肪来维持身体机能。当大多数脂肪被消耗尽了，身体开始消化肌肉组织，这就会导致船员拉动沉重的载荷非常困难。当肌肉被消耗光后，人们会觉得走路十分困难，但是人体还能坚持。在脂肪和肌肉组织被掏空后，身体开始消耗器官组织，例如胃、肾脏、心脏，最后是大脑。随着该进程的持续，脑力退化、视力减退，直到身体崩溃、心率停止，自噬代谢过程结束。

没人知道人吃人的情况持续了多久，可能在1848年冬天结束前所有人都死去了。1981年，一个探险队发现了一段有刀痕的人腿骨，一块破碎的头骨和数量不成比例的肋骨。这一发现表明富兰克林的队员将方便携带的人肉带着向前行进。接着，1992年，又一处富兰克林驻地被人们发现，同时发现了带有钢刀切割痕迹的骨头。通过多年对富兰克林探险队惨剧的研究，有个问题一直悬而未决：富兰克林团队幸存者到底是将活人杀死然后吃掉，还是将死人的尸体吃掉？这是一个不解之谜，也引起了很多讨论，但是这并不是唯一在极地探险时代发生食人现象的探险队。补充报道的文章摘自《纽约时报》，发表于格里利探险队六个生还者返回美国12天后（见第2章）。这篇文章最早揭露了这个英雄式生存神话背后的恐怖事实。在北极的三年里，这支25人的探险队尽一切所能活下去。当救援人员到达时，他们发现了探险队食人的证据，随着这个消息在美国的传播，本将受到英雄欢迎仪式的格里利，陷入了公众愤怒和恶心的泥沼。

可怕的发现

1884年8月12日

《纽约时报》[6]

当格里利救援队的船只抵达圣约翰斯时，我们得知只有六名队员幸存下来。一个溺死，一个在回家途中死去，其他17个人据说是因饥饿而亡。这是一个令人震惊的故事，但今天还有一个更可怕的故事须告知世人。

当食物吃完，不幸的队员们呆在史密斯海峡岸上的小帐篷里，又冷又饿，迫不得已开始吃人。他们在那个可怕严冬的完整经历必须被曝光，隐藏的真相会让格里利团队成为北极探险史上最恐怖的一章。

格里利和幸存的同伴被迫在死亡和这种活命方式之间作出选择，结果被人们发现并揭露，他们愚蠢的决定使一次成功的探险以这样的方式结束，这些军官的内心也承受了肩上责任的百倍煎熬。被无情地揭露之后，根·黑曾还能维持他的地位么？我认为是不可能的。军事法庭理应进行调查，我们可以预见，不论是社会舆论或其他势力，都不会让他免受惩罚。

“从1882年7月到1883年8月，”普罗透斯法庭调查报告中指出，“海王星号、扬蒂克号和普罗透斯号轮船至少携带了50 000份口粮前往利特尔顿岛及更远处，但是最后营地仅留有1 000份口粮，其余被运回美国或者和普罗透斯号一起沉没。”两支耗资巨大的远征队将这些补给带到了史密斯海峡，但是，由于黑曾的命令，可怜的格里利实际上并没有得到什么补给。指挥官如此的无知，以至于他告诉加林顿队伍补给将会在1883年秋天消耗精光，而实际上补给多维持了12个月之久。由此可见，黑曾并没有按照格里利的指示去做，并且极度违背常识。格里利预见到他可能被迫撤退到史密斯海峡西岸。他能够沿着路线上半段建立补给点，但是后援部队必须在下游建立补给点。他在一封信中下达了命令，并明确了西侧食物存储点，并提出另一侧的驻留点也应尽快建立起来。他甚至预见可能会抵达萨宾岬但是又没能通过；因此，他要求救济点不仅要通过望远镜努力找到他，而且要派出雪橇队去西边营救他。但是黑曾下达给加林顿的命令与上述情况并不相符。

7.3.1 格里利探险队

1884 年 8 月 1 日，一艘船抵达新罕布什尔州的朴茨茅斯港。船上有六名富兰克林夫人湾探险队的幸存者：海军上尉阿道弗斯·格里利和五名队员。三年前，一个 25 人的船队带着收集北极科学数据的任务驶向遥远的北方，除了收集科学数据，富兰克林夫人湾探险队还有一个目标，打破由英国人创造的“达到最北地点”的记录。格里利没有北极探险的经历，也不熟悉北极天气，却被任命为这次任务的指挥官。

从纽芬兰的圣约翰斯出发五周以后，格里利和他的团队到达了北极圈内的埃尔斯米尔岛，并为任务做好了准备。他们携带了 350 吨的补给，建了一个前哨，并将其命名为康格堡。他们准备在春天尝试到达“最北的地方”，并希望到达目的地后在夏天乘坐救援船回家。但是救援船并没有来。虽然这支探险队带了三年的补给，但是他们要再一次面临北极寒冷、黑暗的冬天。1883 年，救援船仍然没有出现，格里利命令队员放弃基地，乘坐三艘小船在洋面上向南航行 400 千米，抵达了原计划驻扎救援部队的地方。经历一路的艰难险阻，格里利和队员终于抵达了萨宾岬，结果只找到几个星期的补给。只有一个临时避难所，几乎找不到猎物，队员们一个接着一个因为饥饿等原因死去。他们忍受冻疮、精神失常甚至食人行为。1884 年夏天，当救援力量到达时，只有瘦得已不成人形的七个人挤在一顶塌了一半的帐篷里。格里利归来后，可怕的食人行为遭到曝光，深陷丑闻。

7.4 在火星上为了生存而食人

试想，如果你与三名同伴在火星上，你们有充足的生命保障物资，但食物仅够维持一个人等到救援队到来，你会做什么？定量配给解决不了问题，在基地温室中种植的植物也没有长出来，一天，正在冲泡早餐咖啡时，你一下意识到身边有三个活生生的富含蛋白质的大肉块，一个念头突然间浮现在脑海，而且无法摆脱：同伴们也许算不上美味可口，但绝对可以让你活下去。在航天飞行生物伦理历史中还没有发生过这类事情，但是在探险史上并非没有先例。毕竟，探险史告诉我们，当灾难发生时，先辈们一次又一次地证明“为生存而食人的行为”虽然恐怖，但却是能够活下去的选择。如果你被遗留在距离家园几百万千米的星球上，困在封闭的基地，面临着饥饿和死亡的威胁，这时道德和伦理对食人行为的谴责变得微不足道。事实上，在 18 世纪，这种行为非常普遍，人们称其为“海上习俗”。甚至出现了不成文的规矩，在极端环境下人们会寻求遵照该游戏规则行事：

“他将手伸进仍有温度的胸膛，将心脏和肝都拽了出来……三个男人贪婪地咀嚼着，像狗一样争抢着肉块。”

——摘录于尼尔·汉森写的《海上习俗》，书中描写了木犀草号船长汤姆·达德利，曾经的船上厨师，是如何将人大卸八块的[7]

当年，为了生存而食人的行为被认定为人类天生的本能，因此在极端环境下是可以原谅的。应该强调的是，这种想法只有在那些吃掉同船的人之前已经吃光了所有能吃的物品，包括蜡烛、鞋子和皮具的情况下才成立。另一条“游戏规则”要求船上所有人都同意吃人，一旦全体同意，死者就会先被吃掉。“当死者尸体吃光后，其他人就开始玩抽签游戏。按照这个游戏规则，运气最差的人将被吃掉，运气第二差的船员将充当杀人的刽子手。之后这个过程不断循环重复，直到救援队赶来或所有人死亡方能结束。

1884年，达德利与斯蒂芬斯案可以算是海上食人案例中最著名或臭名昭著（取决于你对食人的看法）的案例之一。四名水手（船长汤姆·达德利，埃德温·斯蒂芬斯，埃德蒙·布鲁克斯，还有客舱男孩理查德·帕克）在南安普敦到悉尼的航行中被迫放弃沉船（木犀草号）并在他们的救生艇上避难。他们只有两听萝卜罐头和一只海龟可吃。20天后，达德利和斯蒂芬斯把注意力转向了帕克，帕克已经陷入昏迷，他们决定杀死并吃掉他。帕克的脖子被完全切断，布鲁克斯（他没有同意杀人）和达德利、斯蒂芬斯一起吃掉了他们新发现的“口粮”。当他们获救时，他们还辩称依据海上习俗，他们的行为是合法的。恰恰相反，他们被判犯有谋杀罪，并被判处死刑，尽管之后刑期被减为短期监禁。

多年以来，法律判例未能阻止那些处于饥困边缘求生的人放弃食人主义。2008年，一群由33个人结成的多米尼加共和国难民团开始了通过莫纳海峡前往波多黎各寻找更美好生活的行程。从桑切斯到这块美国领地仅需一天的行程，因而难民没有储存食物和水。这是一个错误的决定，因为船长迷路了，且燃料用完了，不得已在海上漂泊了15天。作为五名幸存者之一，格雷戈里奥·玛丽亚·马里赞表示，他们曾试图靠雨水和海水度日，但在目睹了27人死亡之后，第14天，第28名男子的死亡使他们做出了一个重大的决定。在医院病床上接受采访时，马里赞解释说：“我时刻准备着，所以随身带着刀。我们没什么可吃的。为了救自己的命我们不得不吃了他。我们从他的腿部和胸口割下肉来，把这些肉切成小块，像吃药一样吞下去。它就像牛肉，几乎一样。”这具尸体或许拯救了马里赞和食人同伴的性命，却没有免去他们的牢狱之灾：所有幸存者被判入狱一年。

那么，那些被困在火星上的探险家们能从所有这些关于食人行为的描述中学到什么呢？好吧，乘组（见图7-3）需要为最坏的情况做好准备，如果任务供应包括一个“长短不一的救命稻草”选择，那将会很有帮助！但是，撇开玩笑，在这种情况下，可能的幸存者将是最小个的，因为这名航天员将消耗最少的生命维持消耗品，需要最少的卡路里。我们的航天员将如何执行这项可怕的任务呢？他们可能会首先用一把长锯切下头部，然后把肩膀上的手臂锯掉，再从盆骨中卸下大腿。之后，他们会用掌骨锯将手臂从肘部、腿从膝盖处分开，并切断手和脚。我们倒霉的航天员会首先使用手术刀切除最美味的部分：臀部、大腿、三角肌、三头肌和二头肌。卸下这些部分，切成薄片，放入小锅中煮沸。接下来，用工具将胸骨敲裂开，肋骨也被移除。也许有些人读到这里会摇头，认为航天员不可能这样做。绝对不可能。但是，在生死攸关的情况下，生者总是选择生，而死者是……嗯，已经是死的了！他们超脱了所有的痛苦，并且为生者提供了唯一希望。禁忌？当然，但环境越极端，选择就越极端，再极端的情况也比不了被困在离家几百万英里的尘土飞扬的火星上！

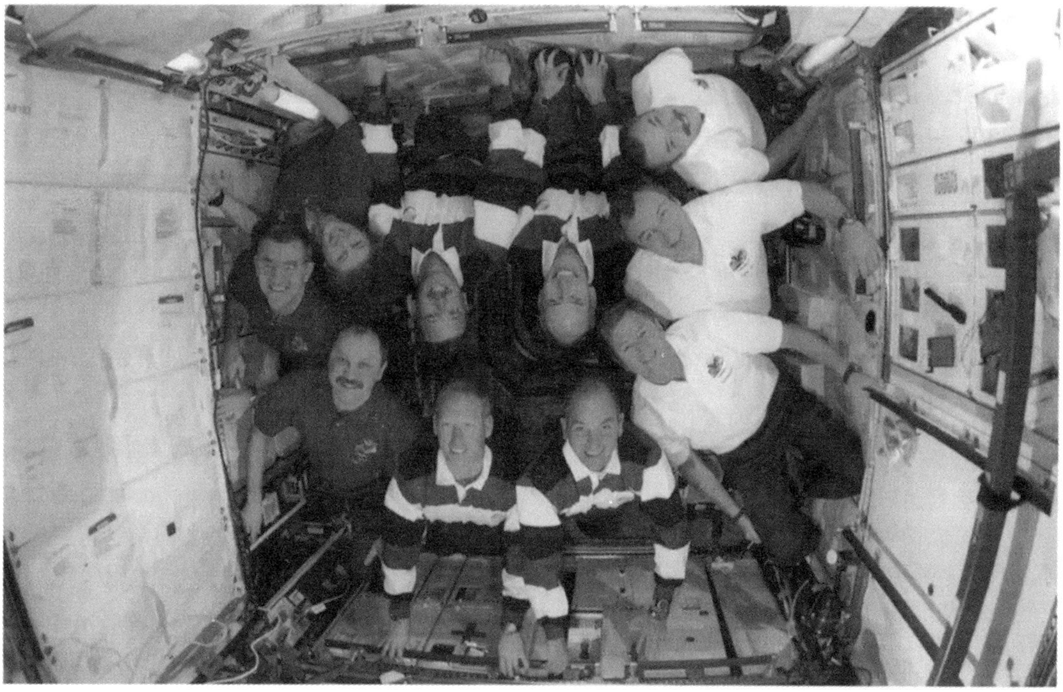

图 7-3 在错误的情景下，航天器是一个被诱惑包围的充满饥民的平台。浪费这么整齐包装的饭菜是不对的吗（NASA 供图）

7.5 船上没人

现在，让我们忘掉食人行为，关注一下这个密切相关但同样令人毛骨悚然的话题：死亡。在执行任务期间死去的船员尸体（那些没有被吃掉的）会发生什么呢？极地探险家们经常面临这样惯常的场景，船员因坏血病、精疲力竭、维生素 A 中毒、体温过低，以及在远征过程中常见的无数其他疾病而死亡。通常其他船员会把尸体扔到海里，因为在冰上挖洞是不切实际的。在火星上，情况就不一样了。尸体会被带回地球吗？不太可能。尸体会成为亲属的遗物吗？他们难道没有合法的权利要求归还尸体吗？也许有吧，但航天管理机构肯定不会考虑到这一要求，这不单因为预算巨大，而且也会对乘组士气造成影响，因为他们将不得不与一具尸体共享飞船的密闭空间。也许乘组可以把尸体扔出气闸舱？毕竟，由于火星大气干燥，火星上的尸体将永远躺在火星表面，难道不是这样吗？事实上，情况并非如此。火星上的尸体会由于火星表面极其恶劣的环境而逐渐被剥蚀并消失。我们知道，火星上一天的时间与地球一天时间差不多。在火星的一天里，由于大气层非常稀薄，火星表面温度的变化比地球上大得多。在白天的一些时段，火星上某一点的温度可能类似于地球上温暖的一天，然而到了夜晚，温度急剧下降 100 ℃，因此暴露在这种环境下的尸体会在夜间被冻硬，在白天又解冻。反复解冻-冷冻循环的结果将是一个干燥的过程，然后是有机物质分解，过不了多久尸体就没有了人形。还有火星沙尘暴。火星表面的尸体还会受到暴风的侵袭，暴风与地球表面的飓风相似，在风暴季节发生得尤其频繁。经历几场风暴后，尸体上的衣服会被剥掉，组织也会被剥离。尽管火星上大气非常稀薄，即使是很强的风也比地球上的同等风速弱得多，但是火星风暴会以极高的速度吹起巨大的尘埃云，从而产生冲刷效应，可以像细菌一样分解人的尸体。即使火星上的尸体没有受到沙尘或沙尘暴的破坏，也可能会被掩埋。另一个不把尸体扔出气闸舱的原因是考虑到火星表面的污染。

7.5.1　冰葬

也许我们的乘组将会使用第 4 章中提到的一种环境友好型的埋葬方法——冰葬，将其粉碎成细小的碎块，然后再次冷冻这些碎块——类似于低温冷冻的过程。尸体将被放入装有液氮的可膨胀袋子中，待尸体冻硬后，通过振动将其打碎，直到被打成粉末为止。最后，含有约 25 千克干燥白色粉末的袋子将被存放在居住舱之外，也可能把残骸粉末撒在火星表面上合适的掩埋地点。

参 考 文 献

[1] Shackleton E. South：The Endurance Expedition. Signet. 1999.

[2] Smith M. I Am Just Going Outside：Captain Oates - Antarctic Tragedy. Spellmount. 2006.

[3] McGoogan K. Fatal Passage：The True Story of John Rae，The Arctic Hero Time Forgot. Carroll and Graf. 2006.

[4] McClintock FL. In the Arctic Seas A Narrative of the Discovery of the Fate of Sir John Franklin and his Companions. Amazon Digital Services.

[5] Markham CR. Life of Admiral Sir Leopold McClintock，K. C. B.，D. C. L.，L. L. D.，F. R. S.，V. P. R. G. S.（Cambridge Library Collection - Polar Exploration）. Cambridge University Press. 2014.

[6] A Horrible Discovery. New York Times. August 12，1884 http：//www. pbs. org/wgbh/americanexperience/features/primary - resources/greely - nyt/.

[7] Hanson. N. The Custom of the Sea. Wiley. May 2000.

[8] httpi//www. dailymail. co. uk/news/article - 1082905/Migrants - lost - sea - 15 - days - resort - cannibalism - eating - dead - passengers - survive. html.

第8章　返　航

“死很容易，活着好难。”

——引自罗伯特·W·瑟维斯的《胆小鬼》

图8-1　(NASA供图)

对于极地探险队领导者或者行星际任务的指挥官来说，很少有比叛变者更恐怖的事情了。极地探险中充斥着古怪的行为，人们承受着致使头脑麻木的严寒、没有或极少有的阳光、无聊、沮丧、幽闭恐怖症、嫉妒小气以及疯狂。大多数受难者能坚持到底，但是在极少数情况下，探险的紧张局势导致了彻底的反叛。这是英国水手亨利·赫德森的命运，这位船长被激怒的船员们所推翻。

8.1　暴动

1610年，赫德森开始了寻找西北通道的航程。他乘坐发现号，绘制出北行航线图，于1610年5月11日到达冰岛，1610年6月4日到达格陵兰岛南部。三个星期后，探险队到达了哈德逊海峡；沿着海峡的南海岸，于1610年8月2号进入了哈德逊湾。探险队花了好几个月的时间绘制和探索东部海岸，直到11月，发现号被彻底困在詹姆士湾的冰层中，船员们被迫上岸。来年春天冰融化时，赫德森的计划是继续探险。不幸的是，他的船员有其他想法。船员们过够了探险生活，决定回家。他们抱怨赫德森让他们航行得太远，于1611年6月叛变。他们把赫德森和他十几岁的儿子约翰还有七名忠于他的船员绑缚在一条小船上，随波逐流，没有食物，没有水，没有武器。这是人们最后一次看到赫德森。叛变的船员回到了欧洲，在那里他们被立即逮捕，但没有人因赫德森的死而受到惩罚。

8.2 太空的边缘

8.2.1 阿波罗 7 号

357 年后，1968 年 10 月 11 日，阿波罗 7 号发射，载着指令长沃利·斯基拉、沃尔特·坎宁安和唐·艾塞莱（见图 8-2）。这次相对简单的地球轨道飞行任务没有引起多少关注，但任务规划者在任务计划中加载了各种试验和测试。飞行乘组的待办事项列表包括太空舱的姿态控制、六分校正仪、导航系统、交会雷达和服务舱推进系统。在发射之前，航天员间还是有一种不安，他们觉得日程表安排得太满、太苛刻了。事情接下来变得越来越糟，入轨后斯基拉告知任务控制中心感觉自己可能感冒了。果然，在执行任务的前两天，三名航天员都有比较明显的头部充血、鼻塞等症状。尽管服用了阿司匹林和解充血剂，但症状减轻还需要一段时间，这种不适不利于改善航天员和任务控制中心

图 8-2 阿波罗 7 号飞行乘组（NASA 供图）

之间的紧张关系。斯基拉开始与任务控制中心的人员争吵并公然反抗，这次任务开始偏离了方向。坎宁安和艾塞莱也加入进来，他们就飞行计划的修改和补充，以及 NASA 关于在任何时候乘组中应有一人保持清醒以确保地面与航天器不间断的联系这一要求展开争论。由于双方筋疲力尽和沮丧，飞行乘组与地面的紧张局势在接近任务结束时达到了顶点。飞行程序要求航天员在重返期间着压力服和头盔以防座舱失压，但斯基拉不喜欢这个主意。他认为，戴上加压头盔可能会妨碍感冒了的他擤鼻子：如果他不能很好的通畅咽鼓管，他将承受鼓膜穿孔的风险（之前飞行中因感冒发生过）。任务控制中心让步了，乘组在再入之前服用了解充血药。在飞行主管克里斯·克拉夫特宣布乘组中所有人不能再飞后，阿波罗 7 号成为了这三名航天员执行的最后一次任务，但这不是 NASA 与桀骜不驯的航天员打交道的终结。

8.2.2　天空实验室 4 号

天空实验室 4 号（见图 8－3）是新选的乘组，他们的日程安排也很棘手。繁重的工作加上似乎没完没了的任务清单，使航天员生活不顺，感觉工作进度落后于日程安排。他们

图 8－3　天空实验室 4 号飞行乘组（NASA 供图）

认为 NASA 把任务安排得太满了，但任务控制中心不同意这样的观点。地面反驳说航天员的抱怨是没有根据的。他们还建议，航天员应该利用餐后休息时间和休息日，完成积压的任务。最终，在任务的第 6 周，天空实验室 4 号的乘组打破原定的计划安排，决定休息一天。他们关掉通信电台，放松地度过了一天。最后，乘组和任务控制中心达成了和解。安排的任务被放置在一个“购物清单”中，供乘组有时间的时候去完成。休斯顿还同意在用餐和休息期间不打扰乘组。工作量减少，乘组非常高兴，工作效率也提高了，NASA 对此也很高兴。但是，与阿波罗 7 号飞行乘组一样，天空实验室 4 号乘组之后也没再执行过飞行任务。

8.2.3 和平号空间站

发生在太空中的另一个反叛事例是，在 1995 年 6 月，当弗拉基米尔·德朱罗夫和根纳季·斯特列卡洛夫两位航天员登上和平号空间站后的第二个月，他们被安排进行计划外的第 6 次出舱活动时，两个人感觉既疲倦又急躁。他们基于安全理由拒绝进行出舱活动，因此展开太阳能电池阵的工作未能实施。这是苏联/俄罗斯航天史上航天员第一次质疑任务控制中心的命令，而且这在他们的职业生涯中所付出的代价也是巨大的：经过两天的争论，俄罗斯当局最终让步，任务控制中心处罚反叛者每人 10 000 美元罚款。而斯特列卡洛夫申请了仲裁，使任务控制中心取消了对他的处罚，从而抹去了他最后一次飞行任务中的污点。

8.2.4 国际空间站

顺便说一句，如果你想知道为什么你没有读到国际空间站上类似的反叛行为，部分原因可能是轨道居住环境的空间大小。由此可见，私人空间是很重要的，当航天员想要远离其他乘员，独自冷静一下，是可以实现的。但是，处理一个好斗和桀骜不驯的航天员最坏的情况是，若航天员违反了国际空间站的行为准则，国际空间站指令长有权根据国际空间站的纪律条例，按照他认为合适的方式处理这些情况。如何处理？国际空间站的舱只能从一侧打开，在控制（见图 8-4）住反叛者后，几名航天员可将他锁定在偏远的舱段内，而长期的计划是让地面经过讨论决定。另一种选择是搜索国际空间站的药品柜，给反叛者强行使用杜冷丁。毫无疑问，反叛者会抵制这样的行为，在这种情况下，乘组将不得不进行失重下的摔跤，因为在微重力状态下没有必需的支撑真的不适合打斗，诸如突然打对方一拳，在轨做这种事会很有趣，更别说身体的冲撞了。

> 注意
> 在提供任何带有星号标记的药物之前与医生联系。在紧急情况下或在信号失联时，开始适当的治疗，然后呼叫医生，越快越好！

高级生命支持保障包（红色）

1. 找出下面医疗用品：
   药品包
   灰色胶带
   医用橡皮筋
   毛巾

2. 控制病人的时候要和他说话。
   解释你在做什么，解释你正在使用束缚手段确保他是安全的。
   在手腕、脚踝周围使用灰色胶带束缚患者，并在躯干部位使用橡皮筋进行缠绕。
   如有必要限制头部，请在颈部下放置一条卷起的毛巾，并用灰色胶带进行约束。

医学急救包（蓝色）

3. 口服强效镇静剂氟哌啶醇10毫克

   如果病人不配合口服氟哌啶醇，给予肌肉注射氟哌啶醇，如步骤4所述。

   可能的副作用包括低血压、心率快、头痛、不自主运动、体温升高。

> 注意
> 候补CMO应该始终与受控制的患者在一起，随时观察脉搏的变化，如果脉搏减弱或者晕厥，要及时松开束缚。

高级生命支持保障包（红色）

4. 给药5毫克/毫升的氟哌啶醇注射液，肌肉注射（药物27，28）。

   参见国际空间站关于静脉注射的章节规定

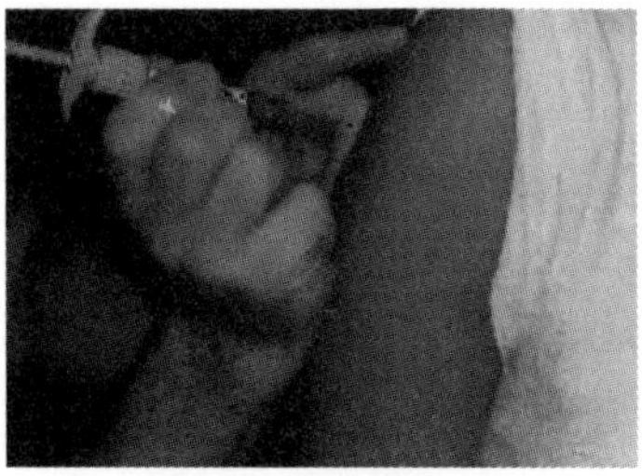

图1　肌肉注射

> 1. 对注射部位用酒精棉球消毒处理。
> 2. 稳定、快速、垂直地穿刺通过皮肤表面，约2～3厘米深。
> 3. 回抽针管没有回血，确认没有扎入血管。如果插入了血管的话，则在不同的位置重新穿刺。
> 4. 推入药物。

医学急救包（蓝色）

5. 口服镇静剂安定5.5毫克

   如果病人不配合口服安定，给予肌肉注射安定，如步骤6所述。

   可能的副作用有嗜睡、疲劳、恶心、心率减慢、视力模糊。
   氟马西尼注射剂是安定用药过量的解药。

图 8－4　处理精神病的医学程序（NASA 供图）

6. 给药5毫克/毫升（半支针剂）安定，肌肉注射（药物-8，9，10）。参见国际空间站关于静脉注射的章节规定。

> **注意**
>
> 航天员会彻底镇定。严重时可能会发生肌肉痉挛。如果发生，给予50毫克苯甲酰（苯海拉明）肌注，并保持足够的液体摄入。

苯海拉明可能的副作用：昏昏欲睡、无法集中注意力、口干、视力模糊、皮疹、对光线敏感、头痛、心率快、头晕、疲劳。

7. 当病人被束缚固定时，监测和记录生命体征：

如果血压、脉搏、呼吸异常，大约每5分钟检查一次生命体征，并记录下来。

如果血压、脉搏和呼吸在两到三次读数都很稳定时，可将监测频率降低到每15分钟一次，直到地面给出建议。

高级生命支持保障包

医学急救包

时间（分钟）							
脉搏（√径向(#)，轴向(±)）							
血压（ALSP-4）							
呼吸频率							
温度（皮肤温度监视器，P3-A7）							

8. 联系飞控医生，讨论航天员状态和束缚解除。

图 8－4　处理精神病的医学程序（NASA 供图）（续）

8.3　火星任务中的狂躁和反叛

远离地球的旅行很不容易，这就是为什么国际空间站上的航天员要有足够的时间来与家庭保持联系。但是在火星任务中自由的无线电通信是一个好主意吗？也许不是。想象一下，如果任务中有不好的事情发生，例如爆发了战争，指令长的家人在飞机事故中丧生，或者航天员的丈夫被诊断为无法手术的脑肿瘤。这些消息是如何影响航天员个体和群体状态的？在极地探险的年代，船员们在返回家园之前是不会知道这些的。但今天，对于离家数百万千米的人来说消息是即时的，他们帮不上忙，无论多么训练有素，这样的消息都可能会使他们焦虑、悲伤、沮丧。也许会有一两个乘员甚至变得有点精神错乱。如果一个反叛的乘员决定自己动手从火星返回时将会发生什么呢？首先，火星反叛者除了气闸舱没有太多的地方可去。但一个精神错乱的人可能在工作中扔扳手危及到其他人员，这就是为什么医疗包肯定会包含镇静剂和抗抑郁、抗精神病的药物。如果一个航天员感情用事不合作，同伴可以强制给他的手臂注射所需的药物。为安全起见，航天员可能接到指令继续将其束缚固定。

虽然 NASA 的航天员在太空中没有使用过抗精神病药物或抗抑郁药物，但是长期在轨时偶尔感到抑郁和孤独是很正常的。有报告称苏联的航天员经历过心理问题，美国航天员约翰·布莱哈承认他在和平号空间站的四个月间感到过沮丧（不幸的是，抗抑郁药无效）。当然，火星上的航天员会经过很仔细的审查和筛选，剔除那些可能会精神错乱的人，但研究显示，航天员在太空中心理调节的方式寥寥无几。而且，即使有一些预测，航天员会承认自己想杀人吗？对于火星任务策划者，也许理解那些受困于多任务的探险行为最好的方法就是读莫森、沙克尔顿及其同行的记述。

所以，我们知道了面对一个单独的反叛者乘组会做些什么，但是如果两个或更多的航天员失了控，会发生什么呢？一旦发生多人失控，机组人员可能会面临可怕的情况，因为飞船上没有高压电枪或任何类型的武器。更糟糕的是天空实验室的情景，全体航天员集体决定反抗任务控制中心。然后呢？这并不是说任务可以中止，或者任务控制中心可以将机组人员锁在飞船系统之外，自动驾驶该飞船。最终，处理反叛的航天员的方式可能还是用知识沟通。集体智慧可以告诉极地探险家如何穿衣抵御严寒，如何引导船只绕过冰山，以及如何抵御坏血病，但对于如何管理已经发疯的船员却束手无策。有趣的是，NASA 和俄罗斯航天局在 2001 年为国际空间站撰写了一份清单：一份厚达1 051 页的文件，其中载有处理太空中每一种可能的医疗情况的指南，包括拔掉一颗牙齿。关于行为方式的突发事件呢？那部分只有 5 页。当载人火星任务即将到来时，几乎可以肯定的是这部分需要修改。

8.4　去往火星的机票价格：哈尔-贝克康复评估

“他仍然是坚毅的，但显然是一个受过磨炼的人——更安静、更谦逊，而且我认为离上帝更近……我看到他老了，筋疲力尽了，头发掉了很多，我担心他再也不是那个开始那次命运之旅的铁人了。我现在确信，他的可怕遭遇在他的身体和体质上留下了创伤，如果没有可怕的磨难，他的寿命会长得多。”[1]

——埃里克·韦布是道格拉斯·莫森在澳大拉西亚人南极探险队（AAE）的成员，他回忆起自己在探险后第一次与莫森会面时对莫森的印象

许多极地探险家在挑战性的隔离环境中幸运地生存了多年。有些人受到了极大的创伤，他们被送入康复机构。其他人在医院待了很长时间，从疲劳、坏血病和冻伤引起的截肢中逐渐恢复过来。对于勇敢的探险团队来说，当他们回来的时候，没有康复专家在码头上等待他们的安全网。不仅如此，事实上，沙克尔顿的一些船员在返回后不久就参加了第一次世界大战。我们的火星乘组可能不会遭受冻伤或坏血病，但是相比于那些冒险进入冰雪荒原的人，他们的健康肯定会受到更严重的影响。假设我们的火星机组人员在没有任何叛乱事件或任何同类相食事件的情况下返回地球会怎么样？我们知道微重力给航天员带来了各种各样的生理反应，当航天员返回地球时，这些适应症的副作用需要康复。例如，由于重力缺失而引起的生理变化与制动病人（如卧床病人）中观察到的变化高度相关。飞行后需要康复的损伤还包括骨质丢失、肌肉萎缩和视力问题。所以可以肯定的是，当勇敢的火星探险家回来时，他们的身体会在很长一段时间后才会感觉回到了家，而且他们的身体很有可能永远也不会恢复到飞行前的状态了。

拿那些美国和俄罗斯的航天员来说，他们在国际空间站上只待了五六个月。当这些航

天员着陆时，除了向媒体挥手之外，他们什么也做不了。因为这些太空服里的航天员，他们的身体由于在轨几个月而处于非常虚弱的状态。这就是为什么你看到的照片（见图 8 - 5）返回的乘组都懒洋洋地坐在躺椅上，然后被匆匆带走进行康复的原因。

图 8 - 5　加拿大航天员克里斯·哈德菲尔德、俄罗斯航天员罗曼·罗曼年科和美国航天员托马斯·马什本在着陆后不久进行休息。资料来源：米哈伊尔·梅泽尔/格蒂图片社（NASA 供图）

虽然一些航天员可能在着陆后感觉恢复不需要太久，但这种感觉是不真实的，因为完全恢复需要很长的时间：至少需要一年的时间。一些研究表明，这种影响可能会持续更长时间。对于那些面临着 6 倍长时间任务的人来说，这是个不祥的消息！下面是国际空间站乘组面临的恢复过程简要概述。

8.4.1　骨密度

在太空中，航天员每个月骨密度丢失 1%左右，这种影响在下半身更加明显，因为在地球上我们用承重骨骼和关节来行走、跑步和站立。NASA 的研究显示，髋骨尤其容易发生骨质丢失（见图 8 - 6），一些国际空间站上的航天员在飞行任务中损失了 11%的髋骨骨密度。对于未来的火星探险家来说，令人担忧的是，即使在返回地球一年之后，骨头质量显示恢复到了飞行前的水平，但是骨密度、强度和结构并没有恢复到飞行前水平。

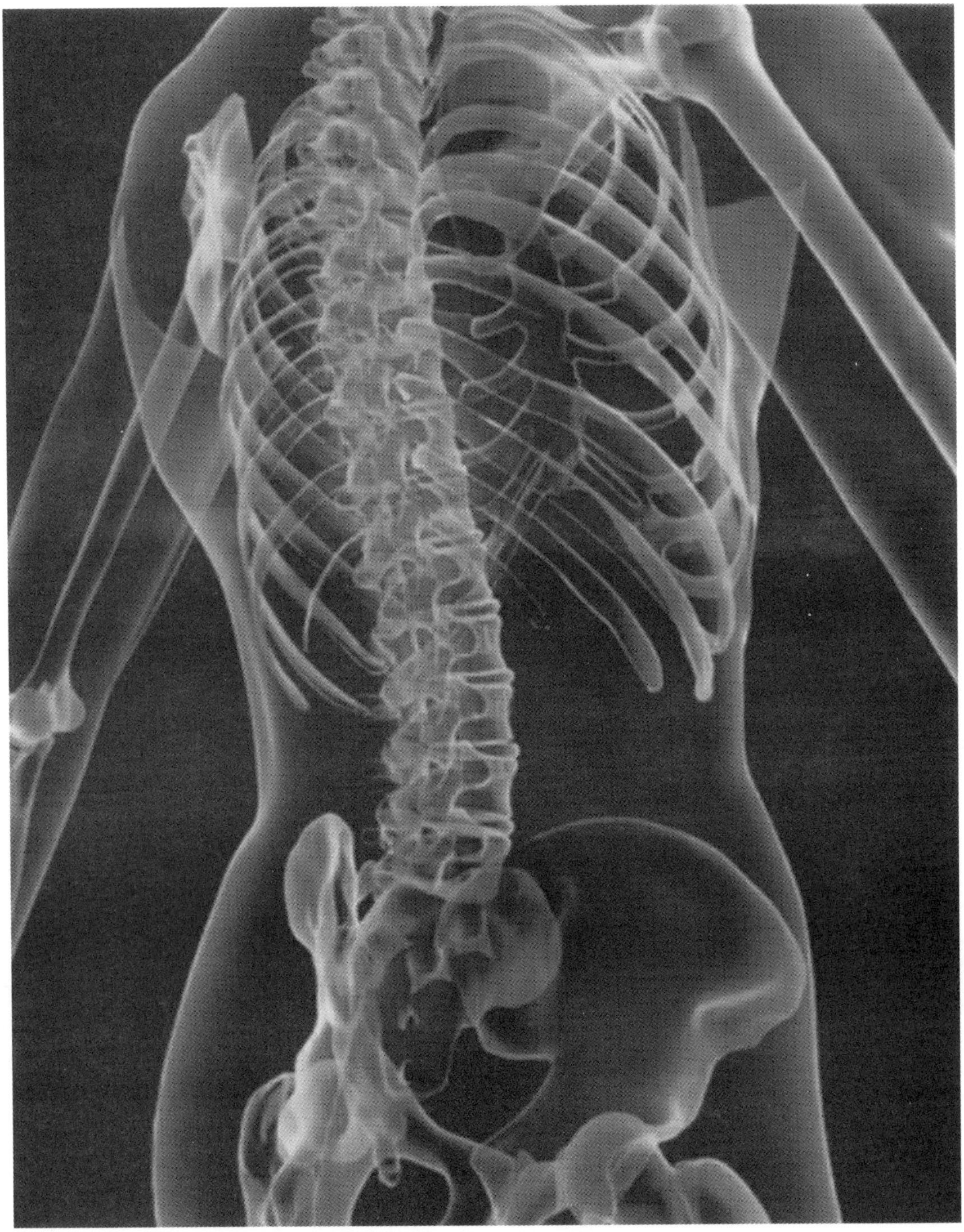

图 8-6　在太空飞行期间，骨质丢失没有显示出稳定期。长时间飞行的航天员有些要在结束飞行后10 年才恢复正常（NASA 供图）

8.4.2 肌肉

我们通过使用肌肉来保持肌肉的强壮，即使我们只是为了抵抗地心引力而保持直立。但在微重力中，肌肉会很快萎缩。仅仅几个星期的太空飞行，肌肉质量丢失将高达 20%。这就是为什么国际空间站上的航天员每周 6 天进行抗阻等锻炼（见图 8-7）来对抗这种影响的原因，尽管他们每天花费两个小时或更多时间这样做，他们仍然在虚弱的状态下返回地球。经过康复，肌肉质量通常会在一两个月内恢复正常。

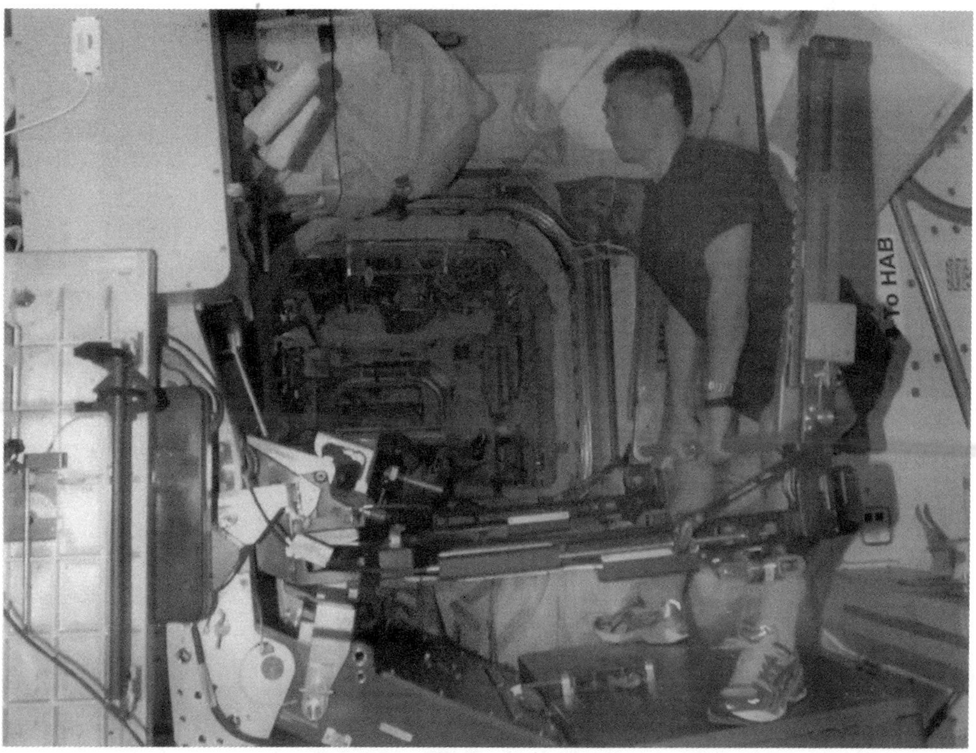

图 8-7　针对航天员长期飞行的抗阻锻炼是对抗肌肉萎缩和骨质丢失的一种防护方法（NASA 供图）

8.4.3 血压

当航天员到达太空时，首先发生的变化之一是体内有两升体液头向转移。你可以想象，这会导致鼻塞和面部肿胀。这是一种被称为体液头向分布的现象，它会给忙碌的航天员造成干扰，因为在太空中，他们的心血管系统会变得懒惰：血容量下降，头部的压力升高告诉大脑血液过多。大脑的反应是诱发利尿和随后的血容量损失——在一次任务中多达 20%体液丢失。当乘组在一次长时间的任务结束后返回时，返回重力的冲击会把血液送回下半身，让他们感到头晕。如果他们站得太久，可能会失去知觉。这就是为什么你看到航天员在联盟号返回着陆后要在躺椅上休息的原因。几个星期内，这些长时间飞行的乘组会感到头晕不适，这就是为什么要求他们不能开车，直到症状消除——通常在着陆 21 天后。

8.4.4 视力

除了骨质丢失、肌肉萎缩和立位耐力下降外，长期飞行的航天员还必须面对损失视力的风险。利用核磁共振成像（MRI）对平均飞行108天的航天员的眼睛进行检查发现，屈光不正现象与那些患有颅内压增高症的人相似，均存在颅内压增高的现象。影像学研究揭示了一些异常变化，包括眼球后部扁平和视神经突起。一些航天员还患有视神经周围脑脊液间隙的扩张症状，在三名航天员中发现脑垂体腺及其与大脑的联系发生了变化。微重力诱发的颅内高压，这是该疾病医学术语之一，对于火星航天员来说，可能不是一个假设的危险因素。鉴于这一问题的潜在严重性，NASA已将视觉问题置于其任务风险清单的比较重要的位置，并启动了一个项目来研究其影响。也许计划中的为期一年的任务将为这个问题提供更多的信息（见补充报道）。

太空中的一年

2015年，斯科特·凯利，一位经验丰富的太空任务指令长，历史上首位执行太空飞行任务的双胞胎兄弟，离开地球飞往国际空间站，成为美国历史上首位单次在轨驻留一年时间的航天员。凯利与俄罗斯航天员米哈伊尔·科尔尼延科于2012年被选入一年期飞行乘组（见图8-8）。2015年3月28日，在哈萨克斯坦境内的拜科努尔航天发射场，他们搭

图8-8 根据NASA和俄罗斯联邦航天局达成的协议，俄罗斯联盟号飞船搭载NASA航天员斯科特·凯利（左）和俄罗斯航天员米哈伊尔·科尔尼延科（右）在2015年春季前往国际空间站（NASA供图）

乘俄罗斯 TMA-16M 联盟号飞船发射升空。NASA 希望通过这次为期一年的航天飞行，获取凯利和科尔尼延科的有关数据，为未来地球轨道以远的任务乘组飞行提供参考借鉴。但是对于俄罗斯航天员来说，365 天飞行并不是最长的一次，在 1988 年到 1999 年和平号空间站任务期间，有三次超过一年的飞行任务。凯利先前参加了三次太空飞行，其中两次为航天飞机短期任务，另一次是 159 天的国际空间站任务，科尔尼延科之前参加过一次太空飞行，是 176 天的国际空间站飞行任务。

8.5　航天员力量训练与后恢复

当火星探险家完成任务后，他们将遵循与国际空间站飞行乘组相似的恢复程序，这意味着他们将在约翰逊航天中心与航天员力量训练和康复专家（ASCRS）一起度过大量的时间[2]。ASCRS 负责在飞行之前和飞行期间训练国际空间站飞行乘组，并参与研制飞行中的锻炼设备。在航天员绕地球飞行期间，ASCRS 小组的主要任务之一是减少长期飞行任务中发生的骨质和肌肉丢失，但他们在航天员康复方面的作用是恢复任务中丢失的骨质和肌肉[2]。为此，他们使用各种设备，如适应性训练系统（ATS），它基本上是安装在一个平台上的跑步机，可以通过移动来模拟失衡。

通过将 ATS 倾斜在一个方向上，而图像则倾斜在另一个方向上，系统可以很容易对那些从轨道返回的航天员引起平衡扰动。这是因为大脑通常能很好地处理眼睛、内耳平衡器官和运动感受器提供的信息，但是对于那些试图适应重力的人来说，这种处理机制是紊乱的。顺便说一句，许多长时间飞行任务的数据表明，飞行任务的天数与影响持续时间的长短呈正相关，这对火星航天员来说是个更坏的消息。

但是，重新调整他们的平衡机制仅仅是火星飞行乘组必须面对的一系列康复挑战之一。在微重力环境中待了三年后，航天员就会像小猫一样虚弱。有些人甚至无法独立行走，这就是 XI（见图 8-9）可能有用的地方。NASA 的机器外骨骼可能做不到像你在电影中看到的那样，但它可能会对长期飞行返回的航天员康复起到积极作用。由佛罗里达州彭萨科拉的人类和机器认知研究所（IHMC）、NASA 以及休斯顿的海洋太空系统公司共同开发的这个装置是一种航天员在太空中可以穿戴在身体上以帮助他们移动的机器人[3]。顺便说一句，该装置还可以用于航天员在轨锻炼时提供腿部运动的阻力。

XI 的四个机动关节位于臀部和膝盖，通过一个环绕背部和肩部的背带套在腿上。它有六个被动关节：让佩戴者向侧方跨步、转向和定向、弯曲脚。XI 目前正处于研究和开发阶段，研究人员计划改进原来的设计，在踝关节和髋部增加更多的活动关节，这将增加该设备的潜在用途。鉴于该设备的多功能性，NASA 正在研究 XI 用于行星际任务期间保持飞行乘组健康的能力。它可能正好符合要求，因为该设备占用的空间不大，它可以实时测量、记录、回传数据给地球上的飞行控制人员，从而让飞控医生准确地了解航天员锻炼的情况。当航天员回来时，可以再配戴这个装置几个月用来帮助他们的骨骼和肌肉康复。

图 8－9　NASA 的 XI 机器人外骨骼是一项衍生自 NASA 机器人航天员 2 号项目的空间技术，或许未来可能会帮助航天员在太空中长期驻留后的康复（NASA 供图）

8.6　后记

2005 年 5 月 14 日，欧洲直升机测试飞行员迪迪埃·德尔萨勒将其涡轮发动机未经改装的 A350 B3 直升机降落在世界最高的山峰时，他创造了珠穆朗玛峰和航空史上的壮举。这只是利用技术降低人类风险的又一个例子。成功到达南北极后，几乎没有什么挑战能够吸引人们的想象力了，直到希拉里和诺盖在 1953 年宣布成功登顶珠穆朗玛峰。像雷纳夫·法因斯这样的探险家尽了最大努力保持极地探险的传统，但成为第一人的成就已经不再像南极探险的英雄时代那样激动人心了。自从希拉里和诺盖的成就以来，唯一一次引起国际关注的探险是 1969 年 7 月 20 日鹰号登陆月球。下一个挑战可能是载人探索火星的神秘使命。但我们准备好了吗？我们会派谁去呢？毕竟，像阿蒙森、南森和阿尔巴诺夫这种传统类型的探险家早已逝去。德尔萨勒的特技和其他类似的特技增强了今天的探险家们可以借此到达的探索领域的能力，并且凸显了将我们的时代与沙克尔顿、莫森及其同行冒险进入未知世界的时代区别开来的鸿沟。探险家们当然不会像过去那样做，但是，如果载人火星任务要成功的话，那么那些负责火星计划的人就应该从过去的历史中吸取教训，阅读那些生活在最后一个真正探险时代的人们的日记。

参 考 文 献

[1] Riffenburgh B. Racingwith Death: Douglas Mawson - Antarctic Explorer. Bloomsbury Paperbacks. 2013.

[2] http://ntrs. nasa. gov/archive/nasa/casi. ntrs. nasa. gov/20110016265. pdf.

[3] https://gcd. larc. nasa. gov/wp - content/uploads/2013/II/FS - XI _ Fact _ Sheet. pdf.